现代数控加工技术研究

孙耀恒　著

中国原子能出版社

学习兴趣，促进技术创新与产业发展。

作者在写作本书的过程中，参考借鉴了许多优秀专家学者的研究成果，在此表示衷心的感谢。由于本书需要探究的层面比较深，作者对一些相关问题的研究不透彻，加之写作时间仓促，书中难免存在一定的不妥和疏漏之处，恳请前辈、同行及广大读者斧正。

目　录

第一章 数控加工技术概述

第一节　数控加工技术发展历史

一、数控加工技术的起源与初步发展

（一）数控技术的起源

1. 早期数控技术

数控技术的萌芽可以追溯到20世纪40年代。当时，随着第二次世界大战的爆发，战争的需求推动了工业技术的迅速进步，特别是在航空、导弹和军事装备制造领域。这些领域对于高精度、复杂形状和大批量生产的需求逐渐增加，传统的手工操作和简单的机械加工已经难以满足。

在这种背景下，研究人员和工程师开始探索新的生产方法。20世纪40年代末，美国的麻省理工学院（MIT）和麦克纳马拉公司（McNamara）开始尝试开发一种新的机械系统，旨在通过预先编程的指令来控制机床的运动，从而实现精确加工。这一想法为数控技术的发展奠定了基础。

20世纪50年代，随着电子技术的进步，计算机技术开始崭露头角。计算机的出现为数控技术的实现提供了强大的支持。首先是麻省理工学院和麦克纳马拉公司联合开发的数控机床，它使用了早期的数字计算机来控制机床的运动，实现了前所未有的精度和效率。

20 世纪 60 年代，数控技术开始进入工业生产领域。美国和欧洲的许多大型制造企业开始投资研发数控机床，以提高生产效率和产品质量。在这一时期，数控技术的应用逐渐从军事和航空领域扩展到汽车、船舶和其他工业制造领域。

在数控技术的发展过程中，软件编程和算法设计也逐渐成为关键因素。为了实现复杂的加工操作，工程师们开发了各种数控编程语言和算法，这些编程语言和算法使得机床可以执行各种复杂的加工任务，如曲面加工、螺旋加工和雕刻等。

在 20 世纪 70 年代，微电子技术和集成电路技术的进步进一步推动了数控技术的发展。小型、高性能的微处理器开始被应用于数控系统中，大大降低了数控设备的成本和体积，使得数控技术更加普及。

到了 20 世纪 80 年代，随着计算机技术和通信技术的飞速发展，数控技术开始与计算机辅助设计（CAD）和计算机辅助制造（CAM）技术相结合，形成了集成的 CAD/CAM 系统。这些系统不仅可以完成产品设计，还可以直接将设计数据转化为数控程序，实现自动化的生产。

2. 第一台数控机床

数控机床的诞生，标志着人类制造业从手工制造向数字化、智能化发展的重要转折点。它是现代制造业发展的里程碑，旨在提高生产效率、准确性和灵活性。

在 20 世纪 50 年代，随着电子技术和计算机技术的飞速发展，人们开始认识到通过数字化控制机床的潜力。在那个时代，机床操作依赖于工人的手动操作，需要高度的技能和经验，而且生产效率有限。

首次实现数控技术的是在 1952 年，美国麻省理工学院的数学家约翰·塞尔兰设计了一台能够通过纸带控制的数控机床原型。这一创新打破了传统的机床操作方式，引领了制造业的新方向。

20 世纪 60 年代，计算机技术的进一步发展使数控机床得以普及。IBM 等公司推出了小型计算机，为数控机床提供了强大的数据处理能力。这些计算机能够准确地解析复杂的加工程序，实现高精度的加工，大大提高了生产效率。

而在亚洲，随着经济的崛起和制造业的发展，数控技术得到了广泛的应用。日本制造商开始研发和生产高精度、高效率的数控机床，这些机床不仅在国内市场取得了成功，还迅速占领了国际市场。

数控技术的发展，不仅改变了机床的操作方式，更重要的是，它改变了制造业的生产模式。传统的制造业依赖于大量的劳动力和经验，而数控技术使得制造过程更加自动化、智能化。工人不再需要进行复杂的手动操作，而是通过编程和监控机床运行状态来控制生产过程。

数控技术还促进了制造业的创新和发展。它为设计师和工程师提供了更大的自由度，使得他们能够设计出更加复杂、精密的产品。数控机床的灵活性也使得制造商能够快速响应市场需求，提供定制化的产品。

（二）数控技术的初步发展

1. 电子技术的应用

电子技术和数控加工技术在近年来都取得了显著的进步和广泛的应用，它们的结合更是推动了制造业的现代化和智能化进程。

电子技术的发展促进了数控加工技术的初步实现。在 20 世纪 50 年代，随着半导体技术的崛起，电子元件开始变得更小、更快、更强大。这为数控系统提供了必要的硬件支持。微处理器、传感器和执行器等电子元件的应用，使得数控机床能够自动执行预定的加工任务，大大提高了生产效率和产品质量。

数控加工技术的初步发展不仅仅是硬件技术的进步，还涉及软件算法和控制策略的创新。初期的数控系统主要依赖于硬连线控制，随后发展为软件控制，使得加工程序更加灵活和精确。数学建模和仿真技术的引入，使得工程师能够在计算机上模拟和优化加工过程，减少了试错成本和时间。

电子技术的应用还促进了数控机床的功能多样化和智能化。通过集成多轴控制、自动换刀、自动测量等功能，数控机床能够适应各种复杂的加工需求，实现多工序、高精度的加工任务。智能化的控制系统能够实时监测加工过程，自动调整加工参数，确保产品的质量和一致性。

数控加工技术的初步发展也推动了制造业的转型和升级。传统的手工加工和半自动化生产方式逐渐被自动化、数字化的数控加工所替代。这不仅提高了生产效率，还降低了劳动强度，提升了工人的工作条件和安全性。

数控加工技术的初步发展也面临着一些挑战和问题。高昂的设备成本、复杂的维护需求和对操作员的技能要求都是制约其广泛应用的因素。安全性和数据保护问题也需要得到足够的重视和解决。

2. 计算机技术的融入

计算机技术与数控加工技术的结合已经成为现代制造业中的一个关键驱动力。这种融合不仅提高了生产效率，还带来了生产过程的精确性和一致性。在数控加工技术初步发展的过程中，计算机技术发挥了至关重要的作用。

在过去，数控加工主要依赖于机械设备和手工操作，这限制了生产的速度和精度。随着计算机技术的发展，数控加工开始从单一的手动操作转变为由计算机控制的自动化过程。这种转变使得加工过程更加灵活和高效。

计算机的加入不仅使得加工过程自动化，还带来了更高的精确性。计算机可以精确控制加工设备的运动，从而确保产品的尺寸和形状达到设计要求。这种精确控制减少了人为错误的可能性，提高了产品质量。

计算机技术还使得数控加工设备之间可以实现数据交换和通信。这意味着不同的加工步骤可以更加协调和同步，从而提高整体生产效率。通过网络连接，加工设备还可以实时接收和处理生产数据，实现生产过程的实时监控和调整。

随着计算机技术的不断进步，数控加工技术也在不断演进。新的算法和软件不断被开发出来，使得加工过程更加智能和自适应。利用人工智能和机器学习技术，数控加工设备可以学习和优化加工过程，从而提高生产效率和产品质量。

计算机技术还推动了数控加工技术与其他先进制造技术的融合。通过与 3D 打印技术的结合，数控加工可以实现更复杂的产品制造，满足多样化和个性化的生产需求。

二、数控加工技术的现代化

（一）高速加工技术

高速加工技术和数控加工技术的现代化是当代制造业的重要发展方向。随着全球制造业的快速发展和消费需求的多样化，对生产效率和产品质量的要求也日益提高。高速加工技术作为数控加工技术的一个重要分支，通过提高加工速度和精度，满足了现代制造业的需求。

高速加工技术的出现源于对加工效率的追求。传统的数控加工技术在加工速度上存在一定的限制，特别是在处理硬质材料和复杂曲面时。高速加工技术通过优化刀具材料、结构设计和加工参数，实现了高速、高效的加工。它不仅可以大大缩短加工周期，还可以提高表面质量和加工精度。

高速加工技术的核心在于刀具和机床的创新。先进的刀具材料和涂层技术大大提高了刀具的耐磨性和热稳定性，使其能够在高速下保持稳定的加工性能。机床的结构设计和控制系统也得到了优化，提高了机床的刚性和动态响应，适应高速加工的需求。

数控加工技术的现代化不仅仅是硬件的进步，软件技术的发展也起到了关键作用。先进的数控编程和仿真软件可以实现复杂的加工路径规划和模拟，确保高速加工过程中的安全和稳定。人机界面的改进使得操作更加简单直观，降低了操作难度，提高了工作效率。

高速加工技术的应用领域也在不断扩展。除了传统的金属加工，高速加工技术已经广泛应用于模具制造、航空航天、医疗器械和汽车等领域。在这些领域，高速加工技术通过提高生产效率和产品质量，为制造业带来了巨大的经济效益和社会价值。

随着全球制造业的竞争加剧，高速加工技术和数控加工技术的现代化已经成为制造业发展的重要战略。各国政府和企业纷纷增加研发投入，推动技术创新和产业升级。通过合作与交流，共享技术资源和市场机会，推动高速加工技术和数控加工技术的共同进步。

（二）数控机床的普及

数控机床的普及与数控加工技术的现代化是制造业进步的标志。这两者在制造业中发挥着至关重要的作用，对生产效率、产品质量和制造成本都有显著影响。

数控机床的普及始于 20 世纪 60—70 年代，那时，随着计算机技术和微电子技术的飞速发展，数控机床开始逐渐替代传统的手动和半自动机床。由于数控机床具有高精度、高效率和灵活性的特点，它在航空、汽车、船舶、模具等多个领域得到了广泛应用。

随着数控机床的普及，数控加工技术也得到了快速发展。数控加工技术不仅是简单地将设计图纸转化为机床程序，它还涉及刀具选择、切削参数优化、工艺路径规划等多个方面。现代数控加工技术利用先进的算法和模拟技术，能够在保证产品质量的实现加工时间的最小化和切削成本的降低。

随着数控技术的不断进步，现代数控机床已经具备了多轴、多功能和自适应控制等先进功能。多轴数控机床能够同时进行多个方向的切削，大大提高了加工效率和精度。而多功能数控机床则可以完成多种不同的加工操作，减少了设备的投资成本和占地面积。

自适应控制是数控加工技术的又一重要发展方向。通过实时监测加工过程中的切削力、温度和振动等参数，数控系统能够动态调整切削参数和刀具路径，以适应加工材料的变化和机床的磨损。这种自适应控制不仅提高了加工的稳定性和精度，还延长了刀具和机床的使用寿命。

随着工业 4.0 的提出，数控机床和数控加工技术正逐步向智能化、网络化发展。现代数控机床不仅具备高精度和高效率的特点，还能够与其他生产设备和信息系统实现无缝连接，形成柔性制造系统。这种智能化的制造模式，能够实时获取生产数据，进行预测性维护，提高生产计划的灵活性和响应能力。

第二节　数控加工技术分类与应用领域

一、数控加工技术的主要分类

（一）按加工方式分类

1. 铣削数控技术

铣削数控技术在数控加工技术中占有重要的地位，主要是因为其在制造业中的广泛应用和高度的自动化程度。按照加工方式的不同，数控加工技术可以分为众多类别，其中铣削数控技术是其中之一，涵盖了面铣、侧铣、端铣等多种加工方式。

面铣是铣削数控技术中的基础加工方式，它主要用于加工工件的平面和轮廓。通过铣刀在工件表面上的旋转和移动，可以有效地去除材料，形成平滑的表面和精确的尺寸。面铣广泛应用于零件的粗加工和精加工，如机床床身、平面连接板等。

侧铣是另一种常见的铣削加工方式，主要用于加工工件的侧面和轮廓。与面铣相比，侧铣更适用于加工形状复杂、曲线多的工件。侧铣加工时，铣刀的旋转轴与工件的侧面垂直，通过铣刀的切削，可以形成各种不同的轮廓和结构。

端铣是针对工件的端面进行加工的铣削方式。它主要用于加工工件的平面、孔口和凹槽等。端铣的加工过程是铣刀沿着工件端面的轮廓进行切削，可以实现高精度的加工和良好的表面质量。

除了上述的基础铣削方式，还有一些特殊的铣削加工方式，如轮廓铣、曲面铣等。轮廓铣是通过控制铣刀沿工件轮廓的路径进行切削，可以加工出各种复杂的轮廓和结构。曲面铣则是用于加工工件的曲面和三维形状，它需要对铣刀的切削轨迹进行复杂的计算和控制。

数控加工技术的发展使得铣削加工变得更加灵活和高效。通过数控系统的精确控制，可以实现复杂的加工路径和多轴同步运动，提高加工精度和生产效率。数控系统还能够实时监测加工过程，自动调整加工参数，确保加工质量和稳定性。

铣削数控技术也面临一些挑战，如铣刀的选择、切削参数的优化、加工过程的稳定性等。为了克服这些挑战，需要不断地研究和创新，引入先进的铣刀材料、优化的切削策略和稳定的加工工艺。

2. 车削数控技术

车削数控技术是数控加工技术中的一种重要分类，主要用于通过旋转工件和切削工具的相对运动来加工工件表面。车削数控技术的发展对制造业的提升起到了重要作用。

车削数控技术的核心是数控车床。它是一种通过计算机控制工具在工件上的运动来实现加工的设备。数控车床能够实现各种复杂的车削操作，包括外圆车削、内孔车削、螺纹加工等。通过数控系统的精确控制，数控车床能够实现高精度、高效率的加工。

除了数控车床，车削数控技术还涉及到各种辅助设备和软件。自动换刀系统可以实现不同刀具的自动更换，提高了加工效率和灵活性。编程软件则可以帮助操作人员设计加工程序，并将其输入到数控系统中进行执行。

在车削数控技术的发展过程中，有几个关键的技术方向。首先是数控系统的性能提升，包括控制精度、速度响应等方面的提升。这些技术的进步使得数控车床能够应对更加复杂的加工任务，提高了加工质量和效率。

另一个关键的方向是加工过程的智能化和自动化。随着人工智能和机器学习技术的发展，车削数控系统可以实现更加智能的加工过程。通过分析加工数据和监测工件状态，系统可以自动调整加工参数，优化加工过程。

车削数控技术还在不断拓展应用领域。除了传统的金属加工，它还可以应用于复合材料、陶瓷等材料的加工。随着 3D 打印技术的发展，车削数控技术与 3D 打印技术的结合也成为一个研究热点，可以实现更复杂的产品制造。

（二）按控制系统分类

1. 闭环控制系统

数控机床作为数控加工系统的核心部分，是现代制造业中不可或缺的设备。它集机械、电气、液压、气动和计算机技术于一体，能够实现高精度、高效率的加工。理解数控机床的基本组成对于深入掌握数控加工技术至关重要。

数控机床的核心是其机械结构，包括床身、主轴、工作台和进给机构等。床身是数控机床的基础，负责支撑和定位其他组件。主轴是机床的主要加工部件，能够旋转并驱动刀具进行切削。工作台则用于夹持工件，提供加工的稳定环境。进给机构则控制工具或工件在三维空间内的移动，实现复杂的加工路径。

电气系统是数控机床的另一个关键组成部分，它包括电机、驱动器、传感器和控制器等。电机提供主轴和进给机构的动力，驱动器则控制电机的运行状态，如速度和方向。传感器负责检测加工过程中的各种参数，控制器则根据传感器的反馈调整加工参数，实现高精度的加工。

液压和气动系统也是数控机床不可或缺的部分，它们负责控制机床的各种运动，如主轴的旋转、进给机构的移动和夹紧装置的夹紧。液压系统利用液压油作为动力源，通过液压缸实现高力量、精确控制的运动。气动系统则利用压缩空气作为动力源，通过气缸实现快速、大幅度的运动。

计算机控制系统是数控机床的灵魂，它集成了硬件和软件，负责加工过程的全面控制。计算机控制系统包括 CNC 控制器、驱动器、软件和人机界面等。CNC 控制器是核心组件，负责解析加工程序，生成控制指令，并发送给驱动器和电机。软件则负责加工程序的编写、编辑和仿真，人机界面则提供一个直观、用户友好的操作环境。

除了上述基本组成部分，数控机床还可能包括一些附属设备，如自动换刀装置、自动测量系统和冷却系统等。自动换刀装置能够实现不同刀具的快速更换，提高加工效率。自动测量系统则可以实时监测加工尺寸，保证加工质量。冷却系统则负责冷却刀具和工件，防止加工过程中的热变形和刀具磨损。

2. 开环控制系统

数控加工技术在控制系统方面有着丰富的分类，其中开环控制系统是其中的一种重要类型。开环控制系统，又称为非反馈控制系统，其工作原理是根据预设的命令信号直接控制执行器进行操作，而没有对输出进行实时监测和调整。在数控加工技术中，开环控制系统主要应用于简单的加工任务和对精度要求不高的场合。

开环控制系统在数控机床中的应用主要体现在一些基础的加工任务上，如粗加工、开孔、钻孔等。这些任务的特点是加工过程相对简单，对精度和表面质量要求不高，因此可以通过预设的程序直接控制机床进行操作。在这种情况下，开环控制系统能够快速响应命令信号，实现高效的生产。

开环控制系统也存在一些局限性。由于没有实时的反馈机制，它无法对加工过程中的误差和干扰进行实时调整，这可能导致加工精度的降低和加工质量的不稳定。因此，在需要高精度和高质量的加工任务中，开环控制系统的应用受到了一定的限制。

相对于开环控制系统，闭环控制系统在数控加工技术中得到了广泛的应用。闭环控制系统，也称为反馈控制系统，它在控制过程中加入了传感器和反馈回路，能够实时监测加工过程中的输出，并根据反馈信息调整控制参数，以达到预期的加工效果。

闭环控制系统在数控机床中的应用涉及多个方面，包括位置控制、速度控制、力控制等。在位置控制方面，闭环控制系统通过编码器或尺规等传感器实时监测机床的位置，并与预设的目标位置进行比较，通过调整驱动系统的输出信号，控制机床按照预定路径进行移动。

在速度控制方面，闭环控制系统通过监测驱动系统的速度，与预设的目标速度进行比较，调整驱动系统的输出信号，实现精确的速度控制。这在需要进行高速切削和复杂曲线加工的场合尤为重要。

而在力控制方面，闭环控制系统通过力传感器或扭矩传感器实时监测切削力或切削扭矩，并与预设的目标力或扭矩进行比较，调整切削参数和刀具路径，以实现精确的力控制，提高加工质量和刀具使用寿命。

除了开环控制系统和闭环控制系统，还有一种混合控制系统在数控加工技术中也得到了一定的应用。混合控制系统结合了开环控制系统和闭环控制系统的优点，既能够快速响应命令信号，又能够实时监测加工过程并进行反馈调整，适用于各种不同的加工任务和加工条件。

二、数控加工技术的主要应用领域

（一）机械制造与加工

机械制造与加工是现代工业生产的基础，而数控加工技术则为机械制造和加工提供了更为高效、精确和灵活的解决方案。数控加工技术的应用领域广泛，涵盖了从航空航天到日常生活中各个方面的机械制造和加工需求。

航空航天领域是数控加工技术的重要应用领域之一。航空航天产品对材料性能、结构强度和加工精度等方面有着极高的要求。数控加工技术能够满足这些需求，通过高精度的数控机床和复杂的加工程序，可以加工出各种复杂的航空航天零部件，如发动机零件、机翼结构和飞行控制系统等。

汽车制造是另一个重要的数控加工应用领域。随着汽车工业的快速发展，对零部件的生产效率和质量有着越来越高的要求。数控加工技术通过自动化、数字化的加工过程，可以大大提高生产效率，减少人为误差，提高零部件的加工精度和一致性。从发动机到底盘、从车身到内饰，数控加工技术都在发挥着关键的作用。

电子和半导体行业也是数控加工技术的主要应用领域。电子产品的小型化、轻量化和功能化要求零部件的尺寸精度和表面质量有着极高的要求。数控加工技术可以满足这些需求，通过微米级的加工精度和纳米级的表面光洁度，可以加工出高精度的电子零部件，如微处理器、芯片和连接器。

医疗设备制造是数控加工技术应用的另一个重要领域。随着医疗技术的进步，对医疗设备的功能、精度和安全性有着越来越高的要求。数控加工技术可以满足这些要求，通过高精度的加工和复杂的加工程序，可以制造出各种高精度、高功能的医疗设备，如手术器械、人工关节和影像诊断设备等。

日常生活中的各种消费品制造也是数控加工技术的重要应用领域。从家电产品到家具、从日用品到玩具，数控加工技术都在发挥着关键的作用。它通过提高生产效率、减少材料浪费和优化设计，可以生产出各种高质量、高性能的消费品，满足人们对品质生活的追求。

（二）电子与通信设备制造

电子与通信设备制造是数控加工技术的重要应用领域之一，这一领域对高精度、高效率的加工过程有着特别的需求。数控加工技术为电子与通信设备制造带来了革命性的变革，使得生产过程更加灵活、精确和高效。

在电子制造中，微型化和集成化是主要趋势。数控加工技术能够满足这一需求，实现对电子元件的高精度加工。通过数控铣床和数控车床可以实现对电路板、连接器、金属外壳等部件的精确加工。这种精确加工不仅保证了电子产品的性能和可靠性，还可以减少不合格品的产生，提高生产效率。

通信设备制造同样对高精度的加工技术有着严格要求。通信设备如天线、滤波器、射频模块等需要精确的尺寸和形状以确保其性能。数控加工技术通过高精度的控制和自动化的操作，能够满足这些特殊的加工需求。

随着无线通信技术的发展，通信设备的复杂性和多样性也在不断增加。数控加工技术通过灵活的加工策略和多轴控制，可以实现对复杂形状和结构的加工。五轴数控机床能够实现对复杂曲面的加工，满足现代通信设备的制造需求。

电子与通信设备制造还对生产效率和成本控制有着高要求。数控加工技术通过自动化和高速加工，可以大幅提高生产效率。由于数控加工可以减少人为错误和不合格品的产生，可以降低生产成本，提高生产效益。

除了以上提到的传统应用，数控加工技术在电子与通信设备制造中还有其他创新应用。通过与 3D 打印技术的结合，可以实现复杂结构的快速原型制造和小批量生产。利用自动化和机器视觉技术，可以实现对组装、检测等后续生产环节的自动化，进一步提高生产效率和产品质量。

第三节　数控加工系统组成与工作原理

一、数控加工系统的组成

（一）硬件组成

1. 数控机床

数控机床是现代制造业中不可或缺的设备，它能够通过计算机程序来精确控制加工过程，实现高效、精确和重复性强的加工。数控加工系统作为数控机床的核心部分，包括了多个关键组成部分，这些部分共同协作，以确保机床能够实现预期的加工任务。

数控机床的主体部分是机床本身，它由床身、主轴、工作台等基本结构组成。床身是数控机床的主体支架，它负责承受和传递加工过程中产生的各种力，确保机床的稳定性。主轴是机床的动力来源，它负责驱动刀具旋转，完成各种加工任务。工作台则是加工件的固定和定位平台，它能够在不同方向上进行移动和旋转，以满足不同加工需求。

数控系统是数控机床的核心控制部分，它由数控器、伺服驱动、编码器等组成。数控器是加工过程的大脑，它接收并解析加工程序，然后发出指令控制机床的运动。伺服驱动是控制机床各轴运动的关键组件，它能够精确地控制机床的速度和位置。编码器则用于反馈机床各轴的实际位置信息，确保机床运动的精确性和稳定性。

加工工具和刀具也是数控机床不可或缺的组成部分。它们包括各种切削刀具、钻头、铣刀等，根据加工任务的不同，选择合适的工具和刀具是确保加工质量和效率的关键。工具刀具的选择应考虑材料、切削速度、进给速度等因素，以实现最佳的加工效果。

传感器和检测设备在数控加工系统中也扮演着重要角色。它们能够实时监测加工过程中的各种参数，如温度、压力、振动等，通过反馈这些信息给数控系统，实现加工过程的自动控制和调整。这不仅可以提高加工的精度和稳定性，还能够减少因加工参数偏差而导致的不良产品。

人机界面和软件系统是数控加工系统的用户交互部分。人机界面通常包括触摸屏、键盘、鼠标等设备，它们提供给操作员一个直观、友好的界面，以便于编写、编辑和调试加工程序。软件系统则是数控机床的操作系统，它提供加工程序的编写、存储、管理功能，同时也包括了模拟、优化等辅助功能，帮助操作员更高效地完成加工任务。

2. 数控系统

数控系统是一种通过计算机控制工具或工件在三维空间内进行精确加工的自动化系统。它由多个关键组件组成，包括数控设备、控制器、执行器、传感器和用户界面等。

数控系统的核心是数控设备，它通常由电脑数控（CNC）机床或机器人构成。这些设备能够根据预先编程的指令来精确控制工具或工件的运动，并实现复杂的加工操作。

控制器是数控系统中至关重要的组件之一，它负责接收并解释用户输入的加工指令。控制器通常由计算机和相关软件组成，能够将用户设计的 CAD 文件转换为可执行的加工路径。

执行器是数控系统中用于实际加工操作的部件，它包括驱动器、电机和传动系统等。这些组件负责将控制器发送的指令转化为实际的运动，从而实现工具或工件在空间中的精确移动。

传感器在数控系统中扮演着感知和反馈的角色，它们能够监测加工过程中的各种参数，如温度、压力、速度等，并将这些数据反馈给控制器，以实现加工过程的精确控制和调整。

用户界面是数控系统中用户与系统交互的窗口，它可以是简单的按钮控制面板，也可以是复杂的计算机软件界面。用户通过界面可以输入加工参数、修改加工路径，并监控加工过程的实时状态。

（二）软件组成

1. 数控程序

数控程序是一系列指令的集合，它告诉机器如何执行特定的加工操作。这些指令通常由专门的软件编写，并通过某种方式传输到数控机床或其他数控设备。

数控加工系统的核心是数控机床，它是执行加工操作的主要设备。数控机床能够自动执行各种加工任务，如铣削、钻孔、切割等，而无需人工干预。

除了数控机床，数控加工系统还包括一系列的传感器和执行器。传感器可以监测机床的运行状态和加工过程中的各种参数，如温度、速度和位置，而执行器则负责控制机床的运动，如驱动轴的旋转和线性移动。

数控加工系统还需要一个中央处理单元（CPU）来执行数控程序。CPU 负责解析和执行数控程序中的指令，确保机床按照预定的路径和速度进行加工。

为了实现高效和准确的加工，数控加工系统还通常配备有高精度的位置测量系统。这些测量系统能够实时监测机床的位置，并根据需要进行微调，以确保加工精度和表面质量。

在数控加工系统中，用户界面也是一个重要的组成部分。通过用户界面，操作员可以轻松地输入和编辑数控程序，监控机床的运行状态，以及进行故障诊断和维护。

为了确保数控加工系统的安全和稳定运行，通常还会配备有各种保护装置和安全控制系统。这些系统能够监测机床的运行状态，一旦检测到异常情况，如过载或碰撞，就会立即停机，以避免损坏设备或造成人员伤害。

数控加工系统的网络连接和数据管理也越来越重要。现代的数控加工系统通常可以与其他系统或计算机网络连接，实现远程监控、数据传输和集成制造。

2. 数控系统软件

数控系统软件是数控加工系统的核心组成部分，它负责将用户的设计图纸转化为机器能够理解和执行的指令。在数控加工系统中，软件起到了桥梁作用，连接了设计、编程和实际加工过程。

数控系统软件的一个重要组成部分是 CAD 软件，即计算机辅助设计软件。CAD 软件允许工程师和设计师创建、修改和分析三维模型和二维图纸。这些设计数据随后可以被传输到数控编程软件，成为数控程序的基础。

数控编程软件（CAM 软件）是另一个关键组成部分。CAM 软件能够将 CAD 软件生成的设计数据转化为数控机床可以执行的 G 代码。通过 CAM 软件，用户可以进行切削路径优化、工具路径规划等操作，以提高加工效率和精度。

除了 CAD 和 CAM 软件，后处理软件也是数控系统中不可或缺的一部分。后处理软件的主要任务是将 CAM 软件生成的 G 代码转化为特定数控机床所需的机器语言。由于不同品牌和型号的数控机床使用的机器语言可能不同，后处理软件在这里发挥了关键作用，确保代码的兼容性和正确性。

模拟软件也是数控系统软件的重要组成部分。模拟软件可以模拟数控机床的运动轨迹和加工过程，帮助用户在实际加工之前进行验证和调试。这样可以减少加工中的错误和损失，提高生产效率。

数据库管理系统（DBMS）也常常被整合到数控系统软件中。DBMS 负责管理和存储与加工过程相关的数据，如工艺参数、工具库、材料信息等。它能够提供快速、准确的数据检索和更新功能，为用户和系统提供数据支持。

用户界面（UI）和人机交互系统（HMI）是数控系统软件的另一个重要组成部分。通过这些界面，操作员可以直观地控制数控机床的运行、监控加工过程，以及进行故障诊断和维护操作。良好的 UI 和 HMI 设计可以大大提高操作的便捷性和效率。

网络通信模块也逐渐成为现代数控系统软件的一部分。随着工业 4.0 的发展，数控机床和其他生产设备之间的联网通信变得越来越重要。网络通信模块允许数控机床与上层管理系统、其他设备及云平台进行数据交换和远程监控，实现智能化生产管理。

二、数控加工系统的工作原理

（一）数控程序执行过程

数控程序执行过程是数控加工系统中的核心环节，它决定了加工任务的完成质量和效率。数控程序是由专门的编程软件编写的一系列指令，这些指令告诉数控系统如何运动和加工工件。程序执行过程是一个连续、自动的流程，涉及多个组成部分的协同工作，确保机床能够按照预定的路径和速度进行加工。

在程序执行过程中，数控系统首先需要读取并解析数控程序。数控程序通常存储在外部存储设备中，如 U 盘、硬盘或内存卡。数控系统通过人机界面或自动的程序调度，从这些存储设备中读取程序，并进行解析。解析过程包括识别和提取程序中的各个指令，然后将这些指令翻译成数控系统能够理解的内部指令。

程序解析完成后，数控系统开始进行运动轨迹规划。运动轨迹规划是确定机床各轴如何移动以完成加工任务的过程。在这个阶段，数控系统根据程序中的指令和工件的几何信息，计算出每个轴的运动路径、速度和加速度等参数。这些参数需要满足加工质量、工具寿命和机床稳定性等要求，因此规划过程需要进行精确的计算和优化。

一旦运动轨迹规划完成，数控系统就开始发出控制指令，驱动机床执行加工任务。这些控制指令包括各轴的运动控制、主轴的转速控制、冷却液的供给等。数控系统通过伺服驱动、编码器和其他控制设备，实时监控和调整机床的运动状态，确保其按照预定的路径和速度进行加工。

数控系统还需要实时检测加工过程中的各种参数，并根据检测结果进行相应的调整。通过传感器监测刀具磨损、工件尺寸、加工力等参数，然后根据这些信息调整加工速度、刀具补偿、冷却液供给等。这种实时检测和调整能够保证加工过程的稳定性和质量，同时也能够延长工具的使用寿命和减少材料浪费。

在加工任务完成后，数控系统会进行后处理和数据存储。后处理是将加工过程中生成的数据和结果进行整理和分析的过程，它可以生成加工报告、刀具使用记录、工件尺寸检测结果等。数控系统还会将加工程序、参数设置和加工数据等重要信息存储到外部设备或网络中，以备将来参考和使用。

（二）伺服系统工作原理

伺服系统是一种能够精确控制机械运动的自动化系统，它广泛应用于数控加工系统中，确保工具或工件的精确定位和加工。伺服系统的工作原理基于反馈控制和闭环控制的概念，包括伺服电机、编码器、控制器和反馈系统等关键组件。

伺服电机是伺服系统中的核心部件，它能够根据控制信号精确地控制旋转角度和速度。与传统的直流电机不同，伺服电机配备了编码器和特殊的控制算法，能够实现高精度的位置和速度控制。

编码器是伺服系统中的反馈装置，负责实时监测电机的位置和速度。通过与控制器配合，编码器能够将实际的位置数据与目标位置进行比较，生成误差信号，并将其发送给控制器进行调整。

控制器是伺服系统的智能核心，它接收来自编码器的反馈信号，与预设的控制算法进行比较，然后生成相应的控制信号驱动伺服电机。控制器的高性能处理器和复杂的控制算法确保系统能够实时响应，并实现高精度的位置和速度控制。

反馈系统是伺服系统闭环控制的关键组成部分，它实时监测伺服电机的运动状态，并将这些信息反馈给控制器。通过持续的反馈控制，系统能够自我调整，减小误差，从而实现更加精确的运动控制。

数控加工系统中的伺服系统工作原理是整个加工过程中关键的一环。当工具或工件需要进行精确加工时，伺服系统能够根据预设的加工路径，精确控制工具的位置和速度，确保加工质量和精度。

伺服系统还可以通过控制器的编程接口与其他数控系统组件实现高度集成，如自动换刀、自动校正和实时监控等功能，进一步提高加工效率和自动化水平。

第四节 数控加工技术的优势与发展趋势

一、数控加工技术的优势

（一）精度高、稳定性好

数控加工技术的高精度是其最显著的优势之一。通过精确的数学计算和先进的控制算法，数控机床能够实现微米甚至亚微米级别的加工精度。这种高精度确保了加工件的尺寸和形状满足设计要求，从而大大提高了产品质量。由于所有的加工参数都由数控程序精确控制，机床在整个加工过程中能够保持稳定的运行状态。这种稳定性不仅提高了加工效率，还确保了加工件的一致性和重复性。

除了高精度和稳定性，数控加工技术还具有高度的自动化程度。一旦数控程序被设定和验证，机床就可以自动执行加工任务，无需人工干预。这不仅提高了生产效率，还减少了人为错误的可能性，从而提高了工作效率和生产效益。数控加工技术还具有很强的灵活性。通过简单地修改数控程序或调整加工参数，机床就可以快速适应不同的加工需求和材料类型。这种灵活性使得数控加工技术特别适用于小批量生产和定制制造。

数控加工技术还能够实现复杂形状和结构的加工。由于数控机床可以在多个轴上同时移动，并支持各种复杂的加工路径，它可以轻松地加工出各种复杂的几何形状和结构，如螺旋槽、曲面和内部结构。数控加工技术还能够实现高效的切削和加工。通过优化切削参数和采用高速切削技术，数控机床可以实现更快的加工速度和更高的切削效率，从而大大缩短加工周期和提高生产效率。

数控加工技术还具有良好的环境适应性。与传统的加工方法相比，数控加工技术通常产生较少的废料和废水，减少了对环境的污染。它还可以适应各种环境条件，如高温、高湿和高尘，确保机床的稳定运行。随着数字化和智能化技术的发展，数控加工技术还具有巨大的潜力。通过与人工智能、物联网和云计算等技术的结合，数控加工技术将进一步提高其精度、效率和灵活性，为制造业带来更多的创新机会。

（二）生产效率高、自动化程度高

数控加工技术因其高生产效率和高自动化程度而受到广泛关注，它在现代制造业中占据着越来越重要的地位。以下是数控加工技术的一些显著优势。数控加工技术具有高度的精确性。与传统手工或半自动加工方法相比，数控机床能够实现极高的加工精度和重复性。通过精确的数控编程和先进的控制系统，数控机床能够准确地控制工具的位置、速度和加工深度，从而保证产品的质量和尺寸的一致性。

数控加工技术能够实现高度的生产自动化。一旦数控程序编写完成并加载到机床中，操作员只需监控加工过程，而无需进行复杂的手动调整或干预。这大大提高了生产效率，减少了人为错误的可能性，并且可以实现 24 小时连续加工，从而大大提高生产能力和产量。数控加工技术具有极高的灵活性和适应性。与专用设备相比，数控机床可以通过简单地修改数控程序来加工不同的零件和产品。这意味着企业可以更快速地响应市场需求的变化，实现生产线的快速切换和调整，从而更好地满足客户的个性化需求。

除此之外，数控加工技术能够实现复杂形状的加工。通过数控编程，机床可以实现对复杂曲面、螺纹、孔和其他特殊结构的精确加工，这是传统加工方法难以达到的。这使得数控加工技术在航空、汽车、医疗设备等高端领域中得到广泛应用。数控加工技术还能够实现多任务和多功能加工。许多数控机床具有多轴控制和多功能加工能力，可以在同一台机床上完成多种加工操作，如铣削、钻孔、攻丝等，从而减少设备占地面积，提高生产效率和资源利用率。

数控加工技术能够提高工作环境的安全性。由于大部分加工过程是自动化的，操作员可以远离危险的机械动作区域，降低工作伤害的风险。数控机床还配备有多种安全保护装置，如紧急停机、碰撞检测等，确保加工过程的安全可靠。数控加工技术还能够提高能源效率和环境友好性。由于高效的加工方式和优化的加工策略，数控机床通常消耗的能量较少，减少了能源浪费。数控加工过程产生的废物和废水也较少，有利于环境保护和可持续发展。

二、数控加工技术的发展趋势

（一）智能制造

智能化和自动化是数控加工技术的主要发展方向。随着人工智能、大数据和云计算等技术的不断进步，数控加工系统将更加智能化，能够实现自主学习、优化和决策。这意味着机床将能够根据加工任务和材料特性自动调整加工参数，提高加工效率和质量。

高速和高精度是数控加工技术发展的另一个重要趋势。随着工件材料的多样化和加工要求的提高，数控机床需要具备更高的运动速度和加工精度。这要求机床结构更加稳定，控制系统更加精密，同时还需要采用先进的传感器和测量技术，以实现微米级的加工精度。

灵活生产和定制化生产是数控加工技术发展的新趋势。随着市场需求的多样化和个性化，制造业不再追求大规模的批量生产，而是更加注重灵活和定制化的生产方式。数控加工技术通过其灵活的编程和快速的刀具更换功能，能够满足各种不同的加工需求，实现小批量、多品种的生产模式。

集成化和联网化是数控加工技术发展的另一重要趋势。未来的数控机床将更加集成和联网，能够实现与其他制造设备和系统的无缝对接。这不仅可以实现生产过程的自动化和智能化，还可以通过大数据分析和预测维护等技术，提高设备的利用率和生产效率。

可持续性和环保性也是数控加工技术发展的重要方向。随着全球对环境保护的重视和资源的有限性，制造业需要采用更加环保和可持续的生产方法。数控加工技术通过其高效的加工方式和少量的废料产生，能够减少能源消耗和环境污染，实现绿色和可持续的生产。

教育和培训也是数控加工技术发展的关键因素。随着新技术和新方法的不断出现，制造业面临着人才短缺和技能更新的挑战。因此，加强数控加工技术的教育和培训，培养高素质的技术人才，提高工人的技能水平和工作效率，将对数控加工技术的持续发展和普及起到积极的推动作用。

（二）工业互联网

工业互联网是近年来快速发展的技术领域，它将传统的制造业与现代信息技术相结合，为数控加工技术带来了前所未有的机遇和挑战。通过实时数据分析、远程监控和自动化决策等功能，工业互联网正在改变数控加工的生产模式和发展趋势。

工业互联网提供了实时数据采集和分析的能力，使得数控加工系统能够实时监测生产过程中的各种参数，如温度、速度和质量等。这些数据通过云计算和大数据技术进行处理，为制造企业提供了宝贵的生产洞察和优化建议。

远程监控是工业互联网在数控加工技术中的一个重要应用，它允许制造商和工程师通过网络远程监控数控加工设备的运行状态和生产效率。这种远程访问和控制功能不仅提高了生产的灵活性和效率，还减少了人工干预和维护的成本。

自动化决策是工业互联网另一个重要的发展趋势，通过人工智能和机器学习算法，数控加工系统能够自动分析生产数据，预测设备故障和优化生产流程。这种自动化决策能力使制造企业能够更快速地响应市场需求，提高生产效率和产品质量。

数字孪生技术也是工业互联网与数控加工技术结合的重要方向。通过创建物理设备的数字模型，制造商可以在虚拟环境中模拟和优化生产过程，预测设备的性能和寿命，从而减少试错成本和提高生产效率。

智能制造是工业互联网发展的核心目标之一，它将云计算、物联网、人工智能等先进技术融合在一起，实现生产过程的全面自动化和智能化。在数控加工技术中，智能制造能够提供更加灵活和高效的生产解决方案，满足个性化和定制化的市场需求。

绿色制造也是当前工业互联网与数控加工技术发展的重要趋势。随着环保意识的增强，制造企业越来越注重生产过程的环境友好性。通过工业互联网技术，制造商可以实时监测和优化能源消耗，减少废物和污染，推动绿色、可持续的生产模式。

第二章
数控编程基础

第一节　数控编程语言概述

一、数控编程语言的基本概念

（一）数控编程语言的定义

数控编程语言是一种高级语言，通常使用符号、代码和特定的语法规则来描述加工过程。这些语言旨在简化数控程序的编写过程，使操作员能够轻松地创建和修改复杂的加工程序。

数控编程语言通常具有特定的结构和命令集。这些命令集包括各种基本的加工指令，如移动、旋转、切削等，以及一些高级的功能，如循环、条件判断和子程序调用。通过组合这些命令，操作员可以创建完整的数控程序，实现各种加工任务。

除了基本的加工命令，数控编程语言还通常包括变量、数学运算、逻辑操作和函数等元素。这些元素提供了丰富的功能和灵活性，使得数控程序可以适应各种复杂的加工需求和场景。

数控编程语言还需要与特定的数控机床或系统兼容。不同的机床厂商或系统可能使用不同的编程语言或命令集，因此，操作员需要了解并熟悉目标机床或系统的编程规范和语言特性。

为了提高编程效率和程序的可读性，数控编程语言通常支持注释和文档功能。通过添加注释和文档，操作员可以为程序的各个部分提供解释和说明，帮助其他人理解和修改程序。

随着技术的发展，现代的数控编程语言也越来越强调可视化和图形化的编程方式。通过图形用户界面（GUI）和可视化编程工具，操作员可以直观地设计和编辑数控程序，而无需深入了解编程语言的细节。

数控编程语言还需要考虑到安全性和稳定性。编写的程序需要经过严格的验证和测试，确保其能够正确、高效和安全地执行加工任务，避免机床的损坏或操作员的伤害。

数控编程语言的发展和演变是一个持续的过程。随着制造技术和需求的不断变化，编程语言也在不断地更新和优化，以适应新的加工方法、材料和机床技术。

（二）基本语法与格式

1. G 代码格式

G 代码的基本结构主要由字母和数字组成。字母通常用于表示特定的功能或动作，而数字则用于指定参数或数值。G00 表示快速移动，G01 表示直线插补，而 X、Y、Z 等字母则用于指定坐标位置。

G 代码的语法通常以字母 G 开始，后跟两位或三位数字。这些数字定义了特定的功能或操作模式。G00 表示快速移动模式，G01 表示线性插补模式。在某些情况下，G 代码还可以后跟字母，用于进一步定义功能或参数。

坐标指令是G代码中的重要组成部分，用于指定数控机床在工作空间中的位置。常用的坐标指令包括 X、Y、Z、A、B 和 C。其中，X、Y、Z 用于描述直线运动的位置，而 A、B 和 C 则通常用于描述旋转运动的位置。

G 代码中还包含了各种参数和修饰符，用于控制加工过程的各个方面。F 参数用于指定进给速度，S 参数用于指定主轴转速，T 参数用于选择刀具或工具。这些参数通常跟随在 G 代码之后，以逗号或空格分隔。

除了基本的 G 代码外，数控编程语言还包括一些辅助功能代码，如 M 代码。M 代码主要用于控制机床的辅助功能，如启动和停止主轴、冷却液的开启和关闭等。与 G 代码类似，M 代码也有固定的格式和语法规则，通常以字母 M 开始，后跟一个或多个数字。

数控编程语言还支持逻辑运算和条件判断，以实现更复杂的加工操作。

IF-THEN-ELSE 结构可以用于在程序中实现条件判断和分支控制，从而根据不同的情况执行不同的 G 代码或 M 代码。

注释在数控编程语言中也是非常重要的。通过在程序中添加注释，可以为其他人提供有关程序结构、功能和参数设置的说明，以便于程序的理解和维护。注释通常以分号（；）开始，直到行末为止，不会被编译和执行。

数控编程语言通常使用 ASCII 字符集，以便于人们的阅读和编辑。这使得程序员可以使用常见的文本编辑器或专用的数控编程软件来编写和修改数控程序。许多数控机床还支持标准化的 G 代码格式和语法，以确保程序的兼容性和可移植性。

2. M 代码格式

M 代码的基本格式通常是一个字母加一个或多个数字，如 M03、M05、M08 等。其中，字母部分表示特定的机床功能或操作，而数字部分则表示该功能或操作的具体参数或状态。M03 通常用于启动主轴并设置其转速，而 M05 则用于停止主轴。

M 代码在数控程序中通常以单独的行进行编写，与 G 代码（用于描述加工路径和刀具轨迹）和其他代码（如 T 代码、F 代码等）分开。这样做的目的是提高程序的可读性和可维护性，方便操作员理解和修改程序。

不同的数控机床和制造商可能会有不同的 M 代码定义和使用方法。因此，编写 M 代码时需要参考相应的数控机床手册或编程指南，以确保代码的准确性和兼容性。还需要注意 M 代码的执行顺序和互斥关系，避免因功能冲突或误操作导致的机床故障或安全问题。

M 代码还可以与其他代码和变量进行组合使用，实现复杂的机床操作和控制逻辑。可以使用 M 代码和 G 代码组合实现自动换刀、定位、旋转等复杂操作。在这种情况下，需要确保各个代码和变量之间的协调和一致性，以确保程序的正确执行和机床的安全运行。

M 代码还可以用于控制机床的各种附加功能和设备，如冷却系统、切削液供给、气动装置等。通过正确的 M 代码设置，可以实现这些设备的自动开启、关闭和调整，提高机床的生产效率和加工质量。

M 代码还支持一些特殊功能和模式，如 M98 子程序调用、M99 子程序返回等。这些功能和模式可以用于组织和管理复杂的数控程序，实现代码的复用和模块化，提高程序的可维护性和可扩展性。

编写 M 代码时需要注意代码的注释和文档化。虽然 M 代码的主要任务是控制机床的操作和功能，但良好的注释和文档可以帮助操作员理解代码的用途和逻辑，减少错误和误解，提高编程效率和程序质量。

二、常用的数控编程语言

（一）ISO 标准编程语言

ISO 标准编程语言在数控加工领域起着至关重要的作用，它们定义了一系列的指令和格式，用于描述和控制数控机床的运动和加工过程。这些编程语言不仅具有广泛的应用，还能够保证加工的精度和一致性，为制造业提供了统一和标准化的编程工具。

ISO 6983（也称为 G 代码）是最常用的数控编程语言之一，它使用字母和数字组合来表示各种加工操作。G 代码可以描述机床的基本动作，如直线和圆弧的插补，以及其他辅助功能，如刀具换位、冷却和停机等。

ISO 14649（也称为 STEP-NC）是一种先进的数控编程语言，它基于工业标准化的 STEP（标准化工业产品数据交换）协议。STEP-NC 语言不仅可以描述加工操作，还能够包含工艺信息、刀具路径和加工策略等，实现更高级的自动化和优化。

除了 G 代码和 STEP-NC，还有一些特定于厂商或机床类型的数控编程语言，如 Siemens 的 Sinumerik、Fanuc 的 Macro 和 Mazak 的 Mazatrol。这些专用语言通常提供了更多的功能和灵活性，但可能缺乏通用性和标准化。

ISO 标准编程语言的优势在于其广泛的应用和强大的兼容性。由于它们是国际标准，因此可以在不同品牌和型号的数控机床上通用，减少了重复编程的工作量，提高了生产效率。

ISO 标准编程语言的学习曲线相对较低，因为它们使用直观的命令和结构。制造工程师和操作员通常可以通过培训和实践迅速掌握这些语言，实现高效的数控编程和操作。

随着技术的发展，ISO 标准编程语言也在不断地更新和完善。新的版本和扩展提供了更多的功能和性能，如更高级的插补算法、复杂的几何形状处理和实时数据交换等，满足日益复杂和多样化的生产需求。

（二）Fanuc 编程语言

Fanuc 编程语言是全球范围内广泛应用的数控编程语言之一，特别是在自动化和机械加工领域。Fanuc 公司是一家全球领先的数控系统和机器人制造商，其编程语言具有独特的特点和广泛的应用范围。下面将详细介绍 Fanuc 编程语言及其在数控加工中的常用性。

Fanuc 编程语言主要基于 G 代码和 M 代码，这是一种标准的数控编程格式。G 代码用于控制机床的运动轨迹和加工操作，而 M 代码则用于控制机床的辅助功能，如冷却、润滑和工具更换等。这种编程结构清晰，易于理解和学习，使得操作员能够快速编写和修改数控程序。

Fanuc 编程语言提供了丰富的 G 代码和 M 代码命令集。这些命令涵盖了各种加工操作和机床功能，如直线插补、圆弧插补、孔加工、螺纹加工，以及冷却、润滑、夹紧等辅助功能。通过组合这些命令，操作员可以创建复杂的加工程序，满足各种加工需求。

除了基本的 G 代码和 M 代码，Fanuc 编程语言还支持变量、循环、条件判断和子程序等高级功能。这些功能提供了更大的灵活性和扩展性，使得数控程序可以适应更复杂的加工任务和场景。

Fanuc 编程语言还支持用户定义的宏指令和宏变量。通过定义宏指令和宏变量，操作员可以简化编程过程，减少代码重复，提高编程效率。这种特性特别适用于需要频繁重复的加工任务和复杂的程序逻辑。

Fanuc 编程语言的编程环境通常具有友好的用户界面。通过图形化的编程编辑器和仿真工具，操作员可以直观地设计和编辑数控程序，验证程序的正确性和效率，减少错误和优化加工过程。

Fanuc 编程语言在全球范围内得到了广泛的应用和支持。由于其稳定性、可靠性和灵活性，Fanuc 编程语言已经成为众多制造企业和研发机构的首选。无论是在航空航天、汽车、电子、医疗设备还是日常消费品等领域，都可以看到 Fanuc 编程语言的影子。

Fanuc 编程语言还具有良好的兼容性。它可以与 Fanuc 公司的各种数控系统和机器人无缝集成，也可以与其他品牌的数控设备和系统兼容。这种兼容性确保了程序的通用性和可移植性，使得操作员能够灵活地选择和配置设备。

随着技术的不断发展，Fanuc 公司也在持续更新和优化其编程语言。通过引入新的功能、命令和工具，Fanuc 编程语言不断适应新的加工方法、材料和技术，满足日益增长的制造需求。

第二节　G 代码与 M 代码解析

一、G 代码解析

（一）G 代码的定义

G 代码的“G”代表“geometric”，意为几何，强调了它在数控加工中用于定义几何形状和运动路径的作用。这些代码指令涵盖了数控机床的各种基本功能和操作模式，如直线移动、圆弧插补、螺纹加工等，为机床提供了灵活而精确的控制手段。

G 代码以特定的结构和格式组织，通常由字母“G”后跟两位或三位数字组成。这些数字代表特定的加工功能或操作模式，G00 表示快速移动，G01 表示直线插补，而 G02 和 G03 则分别表示顺时针和逆时针的圆弧插补。这种结构化的编码方式使得 G 代码易于理解和识别。

G 代码经常与其他类型的代码和参数一起使用，如坐标指令、速度参数和工具选择代码等，以构建完整的数控加工程序。通过组合不同的 G 代码和参数，程序员可以创建复杂的加工路径和操作序列，实现对各种材料和零件的精确加工。

G 代码还支持数值表达式和算术运算，以实现动态的加工控制。通过使用算术运算和逻辑运算，程序员可以在程序中实现条件判断、循环控制和数学计算，从而实现更加灵活和高效的加工策略。

除此之外，G 代码还允许程序员在加工程序中添加注释和说明，以便于其他人理解和修改程序。这些注释通常以分号（;）开始，可以提供有关程序结构、功能和参数设置的详细信息，增强了程序的可读性和维护性。

随着技术的发展，G 代码也在不断地演变和扩展，引入了更多的功能和特性。近年来出现的高级 G 代码支持更复杂的加工功能，如五轴加工、高速加工和自适应加工等，为数控加工提供了更多的可能性和灵活性。

G 代码在数控加工行业中具有广泛的应用，涉及多种加工过程和材料。无论是金属加工、木工加工还是复合材料加工，G 代码都能提供适用的加工方案和控制方法。这使得 G 代码成为数控加工的通用标准和基础语言。

尽管 G 代码在数控加工中具有重要的地位，但它并不是唯一的编程语言。随着技术的进步，还出现了许多其他类型的编程语言和编程方式，如高级编程语言、图形编程和模拟仿真等，为数控编程提供了更多的选择和工具。

（二）常用 G 代码指令

1. G00

G00 指令的基本格式为“G00 X__Y__Z__”，其中 X、Y、Z 分别表示机床在 X 轴、Y 轴、Z 轴上的目标坐标位置。这些坐标位置通常是以绝对坐标或相对坐标的形式给出的。绝对坐标是相对于工件坐标系原点的坐标值，而相对坐标是相对于当前位置的坐标增量。

G00 指令的主要特点是快速移动，不进行切削。这意味着在执行 G00 指令时，机床会以其最大的移动速度在指定的轴上进行移动，而不进行任何切削操作。这种快速移动可以显著减少非切削时间，提高加工效率和生产率。

G00 指令在数控编程中经常与其他 G 代码、M 代码和 F 代码等组合使用，以实现复杂的加工路径和功能。可以通过组合使用 G00 和 G01（线性插补指令）指令来实现工件的快速定位和精确切削，或者与 M 代码组合实现自动换刀、切削液供给等功能。

编写 G00 指令时需要注意机床的运动范围和安全距离。由于 G00 是快速移动指令，机床在执行该指令时可能会接近或超出其运动范围，导致碰撞或损坏。因此，在编写 G00 指令时，需要确保目标位置在机床的安全范围内，并设置适当的安全距离，以避免可能的风险和危险。

G00 指令的执行速度通常由数控机床的参数设置和刀具的类型决定。不同的机床和刀具可能有不同的最大速度和加速度，因此在编写 G00 指令时，需要根据实际情况和需求进行适当的速度设置和优化，以实现最佳的加工效果和安全运行。

G00 指令还可以与程序控制、宏指令和子程序等高级功能结合使用，实现复杂的加工逻辑和自动化控制。这些高级功能可以提高编程的灵活性和机床的智能化水平，满足现代制造业对高效、精确和自动化生产的需求。

编写 G00 指令时需要注意代码的注释和文档化。良好的注释和文档可以帮助操作员理解代码的用途和逻辑，减少错误和误解，提高编程效率和程序质量。也有助于后续的程序维护和优化，确保机床的安全运行和加工质量。

2. G01

G01 是 G 代码中的一个基本指令，常用于数控机床的直线插补操作。这个指令定义了机床工具的直线移动路径，通常用于完成平面内的直线切削、钻孔或其他直线形状的加工。了解 G01 指令的工作原理和应用对于掌握数控编程和加工操作至关重要。

G01 指令的基本格式通常是“G01 X__Y__Z__F__”，其中 X、Y 和 Z 分别代表机床工具在三个坐标轴上的目标位置，而 F 代表进给速度。指令“G01 X50 Y30 Z20 F100”将使工具从当前位置移动到 X=50、Y=30、Z=20 的目标位置，进给速度为 100 单位/分钟。

G01 指令可以与其他 G 代码指令结合使用，实现复杂的加工操作。可以通过组合 G01 和 G02/G03（圆弧插补）指令，实现直线与圆弧的混合加工，如圆形孔的铣削或零件的轮廓切削。

G01 指令还可以与多轴控制系统配合使用，实现多轴联动的加工。通过在 G 代码程序中定义多个轴的运动轨迹和速度，可以实现更复杂和精确的加工任务，如螺纹铣削、螺旋切削或多轴联动的轮廓加工。

在实际应用中，G01 指令的进给速度（F 值）是一个关键参数。过高或过低的进给速度都可能导致加工质量下降或工具损坏。因此，选择合适的进给速度是确保加工效率和质量的重要因素。

G01 指令的精度和可靠性也受到机床性能和控制系统的影响。高精度的数控机床和先进的控制系统能够更准确地执行 G01 指令，实现更高质量和更精确的加工结果。

G01 指令的应用范围非常广泛，不仅限于常规的切削加工。它还可以用于线切割、打孔、攻丝、拉伸等多种加工操作，满足不同行业和应用领域的需求。

在编程和操作 G01 指令时，操作员需要对加工零件的设计要求、材料性质和机床性能有深入的了解。这样才能正确地设置 G01 指令的参数，实现预期的加工效果，并确保加工过程的安全和稳定。

二、M 代码解析

（一）M 代码的定义

M 代码用于控制机床的各种辅助功能和操作。这些功能包括但不限于，开启和关闭机床的主轴、切换不同的工具、控制冷却液和润滑油的供给、控制夹紧和释放工件的夹具，以及启动和停止机床的自动循环等。通过使用 M 代码，操作员可以灵活地控制机床的各种操作，确保加工过程的顺利进行。

M 代码通常是一个单一的字母或数字，例如 M03 表示开启主轴、M08 表示开启冷却液、M06 表示工具更换等。每个 M 代码都有其特定的功能和作用，操作员需要根据加工任务和机床的实际情况选择合适的 M 代码进行编程。

除了单一的 M 代码，有些情况下还可以使用 M 代码的组合或参数化形式。M98 P***（其中***是程序号）可以用于调用子程序，M99 用于结束子程序并返回主程序。这种灵活的使用方式提供了更多的选择和控制权，使得编程更加精确和高效。

M 代码的执行顺序通常是按照程序中出现的顺序进行的。但是，有些 M 代码可以同时执行，这需要根据机床的具体配置和编程需求来确定，可以同时开启冷却液和主轴，以提高加工效率和质量。

M 代码的执行也受到其他因素的影响，如程序的 G 代码指令、工件材料和切削条件等。因此，在编写和调试数控程序时，需要考虑 M 代码与其他代码的协同作用，确保机床能够按照预期的方式进行加工。

M 代码在不同的数控系统和机床上可能有所不同。虽然大多数 M 代码是标准化的，但是不同的制造商和型号可能会有自己特定的 M 代码或扩展功能。因此，操作员需要熟悉目标机床的编程手册和 M 代码列表，确保正确地使用和控制机床的辅助功能。

随着技术的进步，现代的数控系统和机床提供了更多的自动化和智能化功能。一些 M 代码可以与传感器、执行器和其他设备实现无缝集成，实现自动化控制和优化加工。这些高级功能不仅提高了加工效率，还提供了更高的加工精度和可靠性。

对于操作员来说，熟练掌握 M 代码是编写和调试数控程序的关键。只有深入理解 M 代码的功能和作用，才能有效地控制机床的各种辅助功能，确保加工过程的顺利进行。不断学习和更新知识，掌握最新的 M 代码和技术，也是提高编程能力和加工质量的重要途径。

（二）常用 M 代码指令

1. M00

M00 是一个停机指令，用于在数控程序执行过程中暂停机床的运动和加工操作。当程序执行到 M00 指令时，机床会停止运动，并等待操作员的确认或其他指示。这为程序员提供了一个在加工过程中进行检查、调整或干预的机会，确保加工的准确性和安全性。

M01 是一个可选的停机指令，通常与 M00 一起使用，用于在某些条件下暂停机床的运动。与 M00 不同的是，M01 通常需要操作员的确认才能继续执行下一段程序。这种机制在需要人工干预或审核的加工过程中特别有用，可以有效地防止错误和损失。

M03 和 M04 是控制数控机床主轴启动和停止的代码指令。其中，M03 用于启动主轴并设置为正转，而 M04 则用于启动主轴并设置为反转。这两个指令允许程序员在加工过程中控制主轴的转速和方向，以满足不同的加工需求和材料要求。

M05 是一个停止主轴的指令，用于在加工过程中临时停止主轴的旋转。与 M03 和 M04 相反，M05 指令会立即停止主轴的运动，无需任何确认或其他操作。这为程序员提供了一个快速、简单的方法来控制加工过程，特别是在需要频繁切换工具或进行检查时。

除了上述基本的 M 代码指令外，还有一些用于控制机床辅助功能的其他常用 M 代码。M06 用于自动换刀，允许程序在加工过程中自动切换不同的刀具或工具。而 M08 和 M09 分别用于启动和停止冷却液或切削液的供给，有助于提高切削效率和工件质量。

M30 是一个程序结束指令，用于标记数控程序的结束。当程序执行到 M30 指令时，机床会停止运动并返回到程序的起始位置，通常用于指示一个完整的加工循环或工件的完成。这为程序员提供了一个清晰、结构化的方式来组织和管理加工任务。

每个数控机床制造商都可能有自己的特定 M 代码和功能扩展，用于实现更多的特殊加工需求和操作功能。这些定制的 M 代码通常在机床的用户手册或编程手册中有详细的说明和示例，供程序员参考和使用。

虽然 M 代码在数控编程中具有重要的作用，但它们也需要正确和谨慎地使用，以避免可能的操作错误和安全风险。因此，程序员在使用 M 代码时应该充分了解其功能和影响，确保加工过程的准确性、安全性和效率。

2. M01

M01 指令的基本格式为“M01”，它通常独立成行，以明确地标识出程序的暂停或停机点。执行到 M01 指令时，数控机床会立即停止当前的加工动作，包括刀具的旋转和工件的移动，并显示提示信息，等待操作员确认。

M01 指令在数控编程中常用于以下几种情况。当需要人工检查加工质量、调整刀具或更换刀具时，可以在程序中插入 M01 指令，以暂停加工过程。当需要进行紧急停机或遇到加工问题时，操作员可以手动输入 M01 指令，立即停止机床的运行。M01 也常用于教学和培训环境中，允许操作员在每个加工步骤之后暂停机床，进行观察和讨论。

编写 M01 指令时需要注意的是，它通常与其他代码和指令（如 G 代码、M 代码、T 代码等）组合使用，以实现更复杂的加工逻辑和控制功能。可以在 G 代码描述的加工路径中插入 M01 指令，以在特定位置或时间暂停加工，并在完成人工干预后再继续加工。

M01 指令的执行可以通过数控机床的参数设置进行配置。可以设置 M01 指令的提示信息、暂停时间，以及是否需要操作员确认等参数。这些参数可以根据实际需求和生产环境进行调整，以满足不同的应用场景和操作习惯。

使用 M01 指令时需要注意机床的安全和稳定性。在插入 M01 指令前，应确保机床处于安全状态，避免因突然停机而导致的工具和工件损坏，以及操作员的安全风险。也需要注意 M01 指令的使用频率和位置，避免过于频繁或在关键加工步骤中使用，影响加工效率和质量。

编写 M01 指令时，良好的注释和文档化也是非常重要的。注释可以帮助操作员理解 M01 指令的用途和位置，减少误解和错误。也有助于后续的程序维护和优化，确保机床的安全运行和加工质量。

M01 指令的使用也体现了数控编程的人性化和灵活性。它允许操作员在加工过程中进行人工干预和检查，提高加工质量和效率。它也为教学和培训提供了便利，允许学习者在实际操作中逐步理解和掌握数控加工的技能和知识。

第三节　数控编程的基本规范与要求

一、数控编程的基本规范

（一）编程格式规范

1. 注释详细

数控编程的编程格式规范是确保数控机床能够准确、高效地执行加工任务的关键。这些规范包括语法、命令结构、注释、代码组织和文件管理等方面，对于保证编程的质量和一致性至关重要。了解和遵循编程格式规范可以帮助操作员和程序员编写清晰、可维护的数控程序，提高生产效率和加工精度。

编程格式规范要求数控程序必须按照特定的格式和结构组织。通常，数控程序从程序号或名称开始，后跟多个块或段落，每个块描述一个加工操作或命令。每个块都以特定的代码字母（如 N、G、X、Y、Z、F 等）开头，表示不同类型的指令和参数。

注释在数控编程中扮演着重要的角色。注释是用于解释和描述代码的文本，可以提供关于加工操作、工件特性、刀具选择、程序变量等方面的额外信息。在数控程序中，注释通常以分号（；）开头，后跟详细的描述或说明，帮助其他人理解和修改程序。

代码组织也是编程格式规范的一个重要方面。数控程序应该按照逻辑顺序和功能分类组织，使其结构清晰、易于理解和维护。所有的初始设置和参数定义可以放在程序的开头，而具体的加工操作和动作指令可以按照工序或工具路径顺序排列。

文件管理是确保编程质量和一致性的另一个关键方面。数控程序应该有明确的命名规范和版本控制策略，以便于识别、检索和更新。每个程序应该有一个唯一的标识符或版本号，以避免混淆和错误使用。

除了基本的格式规范外，数控编程还需要考虑机床的特性和工艺要求。不同类型的数控机床（如车床、铣床、钻床等）和加工任务（如铣削、车削、钻孔等）可能需要特定的编程技巧和指令组合。因此，编程人员需要具备深入的机床知识和加工经验，以确保编程的准确性和效率。

安全性是数控编程格式规范中不可忽视的一个方面。编程人员必须遵循机床的安全操作规程和加工安全准则，确保编写的程序不会导致机床损坏、工具断裂或操作人员受伤。编程中还应考虑材料的特性和加工参数，如切削速度、进给速度和切削深度等，以确保加工过程的稳定性和质量。

2. 代码清晰、整齐

编程格式规范要求代码清晰、有组织。这意味着使用恰当的缩进、空格和换行来组织代码结构，使其易于阅读和理解。良好的代码结构能够帮助操作员快速定位和修复错误，同时也方便其他人理解和修改程序。

编程格式规范强调注释和文档的重要性。在关键的代码段落或复杂的算法前添加注释，解释代码的功能和作用，有助于提高程序的可读性和维护性。编写详细的文档，描述程序的工作原理、加工过程和注意事项，可以为操作员提供必要的参考和指导。

除了清晰的代码结构和良好的注释，编程格式规范还要求统一的命名规则。使用有意义的变量名、函数名和标签，避免使用缩写或不明确的术语，可以使程序更加直观和易于理解。统一的命名规则还有助于提高编程团队的合作效率和代码的可维护性。

编程格式规范还强调代码的健壮性和可靠性。这包括但不限于错误处理、边界检查和异常处理等。在编写程序时，应考虑各种可能的异常情况和错误，添加适当的代码来处理这些情况，确保程序能够在不确定的环境中稳定运行。

编程格式规范还要求程序的模块化和可重用性。将程序分解为多个独立的函数或子程序，每个函数或子程序负责完成特定的任务，可以提高代码的重用性和可维护性。这种模块化的设计方法也有助于快速开发和修改程序，适应不同的加工需求和机床配置。

编程格式规范还要求对编程语言和数控系统的特性有深入的了解。熟悉数控编程语言的语法、命令和功能，以及机床的加工能力和限制，是编写高质量程序的基础。只有深入理解这些特性，才能充分利用它们，实现更高效、准确的加工。

随着技术的不断进步，现代的数控编程工具和环境也提供了更多的功能和特性，如自动化编程、图形化编辑和仿真等。熟练使用这些工具，结合编程格式规范，可以进一步提高编程效率和程序质量。

对于操作员来说，遵循编程格式规范不仅是一种工作习惯，也是一种责任和职业素养。通过不断的实践和学习，不断完善编程技能，提高编程水平，确保编写出符合规范、高质量的数控程序。

（二）加工路径规范

1. 安全考虑

安全考虑是数控编程中的首要任务。在编写加工程序时，程序员必须始终将安全性放在首位，确保机床、操作员和周围环境的安全。这包括避免潜在的碰撞、超速和机床过载等危险情况，通过合理的路径规划和运动控制来预防事故。

加工路径规范涉及选择适当的切削路径和工具路径，以实现加工过程中的高效和精确。程序员需要考虑工件的几何形状、材料特性、切削条件等因素，选择合适的切削策略和工具路径，以确保加工质量和工件精度。

数控编程中的路径规范还需要考虑加工过程中的刀具动态特性和机床动力性能。这包括考虑刀具的切削力、振动、热变形等因素，以及机床的动态响应、刚性和稳定性，确保在高速和高精度加工中也能获得可靠的加工效果。

加工路径规范还需要考虑刀具的使用寿命和切削效率。通过优化切削路径和工具轨迹，可以实现刀具的均匀磨损和延长使用寿命，同时提高切削效率和生产效率，降低加工成本。

除此之外，路径规范还需要考虑机床的运动范围和工作空间限制。程序员必须确保所编写的加工路径和工具路径在机床的有效工作范围内，并避免超出机床的运动范围或与机床结构碰撞，导致机床损坏或工件失效。

加工路径规范还包括合理的进给速度和切削速度选择。通过合理地选择进给速度和切削速度，可以实现最佳的切削条件，确保加工过程的稳定性和效率，并避免因速度过快或过慢导致的刀具磨损、工件表面质量下降等问题。

程序员在编写加工程序时还需要考虑程序的结构和模块化设计。通过将加工路径规范分解为多个模块或子程序，可以简化程序的编写和维护，提高代码的重用性和可读性，同时降低出错的风险。

持续的优化和改进是加工路径规范的重要组成部分。随着加工技术和机床技术的发展，新的切削策略、工具和控制技术不断出现，程序员需要不断地更新知识和技能，优化加工路径规范，以适应不断变化的加工需求和技术发展。

2. 优化加工路径

合理的加工路径应遵循从粗加工到精加工的原则。这意味着在进行切削加工之前，应首先进行粗磨或粗切加工，去除大部分的余量，然后再进行精磨或精切加工，以达到所需的尺寸和表面粗糙度。这种分阶段的加工方法能够减少刀具的负荷，延长刀具寿命，并提高加工效率。

避免不必要的机床移动是优化加工路径的关键。在编写加工程序时，应尽量减少机床的空载移动和重复移动，确保机床在加工过程中的轨迹尽可能简单和直接。这不仅可以减少加工时间和能源消耗，还能降低机床的磨损，延长设备的使用寿命。

考虑刀具的切削特性和材料的加工性能也是优化加工路径的重要因素。不同的刀具和材料有不同的切削速度、进给速度和切削深度等参数。在编写加工程序时，应根据刀具和材料的特性，合理设置切削参数，以实现最佳的切削效果和工件质量。

利用数控编程软件的仿真和优化功能也可以帮助优化加工路径。许多数控编程软件提供了加工路径的仿真和优化工具，可以模拟加工过程，检查加工轨迹，优化刀具路径，并自动生成最优的加工程序。通过这些工具，可以有效地识别和消除加工中的潜在问题，提高编程效率和加工质量。

考虑工件的结构和几何形状也是优化加工路径的关键。对于复杂的工件结构和多轴的加工任务，应采用分步加工和分区加工的策略，先完成主要的加工轮廓，然后再进行细节加工。这种方法可以减少刀具的干涉和碰撞，确保加工精度和安全性。

对于同一工件的重复加工任务，应采用模板化编程和宏指令的方法，将常用的加工路径和参数保存为模板或宏，以便于重复使用和快速修改。这不仅可以提高编程效率，还可以确保编程的一致性和准确性，降低错误的风险。

优化加工路径也需要考虑人机交互和操作员的经验。在编写加工程序时，应考虑操作员的实际操作习惯和经验，确保加工路径的逻辑性和易于理解。也应提供清晰的注释和文档，以便于操作员理解和执行加工程序，确保加工的安全性和质量。

二、数控编程的技术要求

（一）数控知识掌握

掌握数控编程是现代制造业中不可或缺的技能，它涉及对数控机床的操作、编程和调试，以实现各种复杂的加工任务。数控编程的技术要求既包括理论知识，也包括实践技能，需要编程人员具备全面的专业能力和经验。

深厚的机械知识是数控编程的基础。编程人员需要理解数控机床的工作原理、结构和性能，包括各种传动系统、执行机构、传感器和控制器等关键组件。这些知识为理解编程指令、优化加工路径和调试程序提供了基础。

精确的几何和数学计算能力也是数控编程的核心要求。编程人员需要能够理解和计算复杂的几何形状、尺寸和公差，以及进行加工参数的选择和调整。这包括切削速度、进给速度、刀具半径补偿等关键参数的计算和优化。

编程人员还需要掌握各种数控编程语言和编程技术。这包括常用的 G 代码、M 代码、固定循环、子程序、变量编程等。熟练掌握这些编程技术可以提高编程效率，减少错误，并实现更复杂和精确的加工操作。

编程人员需要具备良好的逻辑思维和问题解决能力。在编写和调试数控程序时，可能会遇到各种技术难题和错误。能够快速诊断问题、分析原因并找到解决方案是提高编程质量和效率的关键。

实践经验是数控编程的另一个重要方面。通过实际的加工操作和编程练习，编程人员可以积累丰富的经验，熟悉不同类型的数控机床和加工任务，提高编程的准确性和适应性。

安全意识也是数控编程中不可或缺的一部分。编程人员需要严格遵守机床的安全规程和操作指导，确保编写的程序不会导致机床损坏、工具断裂或操作人员受伤。编程人员还需要考虑加工过程中的安全风险和预防措施，确保加工操作的稳定性和安全性。

持续学习和更新知识也是数控编程技术要求的一部分。随着技术的发展和市场需求的变化，数控编程技术也在不断地更新和演进。编程人员需要保持学习的热情和好奇心，关注最新的技术趋势和发展动态，不断提升自己的专业能力和竞争力。

（二）加工工艺掌握

数控编程的技术要求之一是对材料性质的深入了解。不同的材料具有不同的硬度、强度、切削性能等特性，这些性质直接影响加工工艺的选择和切削参数的确定。对于不锈钢和铝合金这样的硬质材料，可能需要选择更低的切削速度和更大的切削深度，而对于塑料和软金属，可能需要选择更高的切削速度和更小的切削深度。

掌握切削原理是数控编程的另一个重要技术要求。切削原理包括切削力、切削温度、切削力的方向等关键参数。了解这些原理有助于操作员选择合适的切削工具、确定切削路径和优化切削参数，从而实现高效、精确的加工。

除了材料性质和切削原理，数控编程的技术要求还包括对加工流程的熟悉。加工流程涉及从材料准备、工件夹持、工具选择到加工完成的全过程。操作员需要确保每个环节都得到妥善处理，避免因误操作或疏忽导致的加工质量问题。

数控编程还要求操作员熟练掌握数控编程语言和编程工具。这包括但不限于 G 代码、M 代码、变量定义、数学计算、逻辑控制等。熟悉这些编程元素和工具有助于操作员编写、调试和优化数控程序，确保程序能够准确地控制机床执行加工任务。

数控编程的技术要求还包括对数控机床的操作和维护知识。操作员需要了解数控机床的基本结构、工作原理、操作界面、诊断工具等，以及掌握基本的机床维护和故障排除技能。这些知识不仅有助于提高编程效率，还能确保机床的稳定运行和延长设备的使用寿命。

数控编程的技术要求还要求操作员具备一定的数学和物理知识。数学知识包括几何、代数、三角学等。物理知识则包括力学、热力学、材料科学等。这些知识是编写数控程序、计算切削参数、优化加工工艺的基础。

数控编程还要求操作员具备一定的解决问题和创新思维能力。在编写数控程序和处理加工问题时，操作员可能会遇到各种挑战和困难。有良好的问题解决能力和创新思维，可以帮助操作员快速定位问题、找到解决方案，并不断改进加工工艺。

数控编程的技术要求还要求操作员具备良好的职业素养和团队合作精神。操作员应该有责任心、细心、耐心，注重细节，确保编写的程序质量和加工效率。良好的团队合作精神可以促进团队之间的沟通和协作，共同解决问题，提高加工效率。

第三章
数控机床基础

第一节　数控机床的结构与工作原理

一、数控机床的结构

（一）主要组成部分

1. 机床主体

数控机床的主体是机床结构的核心部分，通常由床身、立柱、横梁和工作台等组成。床身作为机床的基础，负责承载整个机床的重量和切削力，同时提供稳定的支撑结构。立柱和横梁则用于支撑和定位移动部件，确保机床在加工过程中具有足够的刚性和稳定性。

机床的移动部件主要包括主轴、工作台和刀架等。主轴是切削过程中的主要动力来源，负责驱动切削工具进行旋转和直线移动。工作台作为工件的支撑和定位平台，可以实现各种复杂的运动轨迹和工件加工需求。刀架则负责安装和调整切削工具，实现不同的切削角度和方向。

数控机床的控制系统是其核心部分，包括数控装置、驱动器和传感器等。数控装置负责解析和执行数控程序，将程序指令转化为实际的运动控制信号。驱动器则负责控制各个轴的运动，实现精确的位置和速度控制。传感器则用于监测和反馈机床的运动状态和加工质量，确保加工过程的准确性和稳定性。

冷却液系统是数控机床的重要组成部分，用于控制和维护切削过程中的温度和润滑条件。通过喷射冷却液或切削液到刀具和工件的切削区域，可以有效地降低切削温度，减少切削力，延长刀具的使用寿命，并提高加工质量和表面粗糙度。

除此之外，数控机床还配备有自动换刀系统和刀具库，以实现自动化的刀具切换和加工过程的连续性。自动换刀系统可以根据加工程序的需求自动选择和更换切削工具，而刀具库则用于存储和管理各种切削工具，提供快速和方便的刀具更换服务。

安全防护和操作界面是数控机床设计中不可忽视的部分。安全防护系统包括安全门、紧急停机按钮、碰撞检测器等，用于保护操作员和机床免受意外伤害和损坏。操作界面则提供直观的人机交互界面，允许操作员轻松地输入和编辑加工程序，监控加工过程，并进行故障诊断和维护操作。

数控机床的结构设计必须考虑到可维护性和可升级性。合理的机床布局和组件设计可以简化维护和维修过程，降低维护成本，延长机床的使用寿命。考虑到技术的不断发展和更新，机床的设计应该具有足够的灵活性和扩展性，允许后期对硬件和软件进行升级和改进。

环境影响和能源效率也是数控机床设计中需要考虑的重要因素。现代的数控机床设计应该注重减少噪声、振动和废弃物的产生，采用节能和环保的技术和材料，以减少能源消耗，降低碳排放，实现可持续的制造。

2. 数控系统

数控系统的核心是数控控制器，它通常由硬件和软件两部分组成。硬件包括主控制板、输入/输出接口、电源模块等，负责接收和处理各种信号，控制机床的运动和操作。而软件则是加工程序的编写、编辑和管理工具，包括数控编程软件、仿真软件、优化软件等。

数控系统还包括运动控制系统，它负责控制机床各个轴的运动。运动控制系统通常由伺服驱动器、伺服电机、编码器和传感器等组成，能够实现精确的位置控制和速度控制。伺服驱动器接收数控控制器发送的指令，驱动伺服电机按照指定的路径和速度运动，同时编码器和传感器反馈实际的位置和速度信息，确保运动的准确性和稳定性。

数控系统还包括输入/输出设备，如键盘、鼠标、触摸屏、显示器等。这些设备提供了与操作员进行交互的界面，允许操作员输入加工程序、调整参数、监控加工过程等。显示器可以显示加工图形、加工参数、报警信息等，帮助操作员理解和控制加工过程。

数控系统还可能包括网络通信模块，支持与其他设备和系统的数据交换和远程监控。通过网络通信模块，数控机床可以连接到企业的信息系统、生产管理系统、数据采集系统等，实现生产数据的实时传输、分析和管理，提高生产效率和管理水平。

数控系统的安全保护和诊断功能也是非常重要的。它可以检测机床的运行状态、设备的健康状况、加工过程中的异常情况等，并及时报警或采取措施，确保机床的安全运行和人员的安全。还可以提供故障诊断、自动校正、日志记录等功能，帮助操作员快速定位问题、恢复生产和改进加工质量。

数控系统的可扩展性和灵活性也是其重要特点。随着制造技术的发展和生产需求的变化，数控机床可能需要添加新的功能、改进旧的功能或适应新的加工任务。因此，数控系统应具有良好的可扩展性，支持硬件和软件的升级和扩展，以满足不断变化的生产需求。

数控系统的人机界面设计和用户体验也是其重要组成部分。一个直观、友好的界面可以大大提高操作员的工作效率和工作满意度，减少操作错误和误操作的风险。因此，数控系统的界面设计应考虑操作员的需求和习惯，提供清晰、简洁、易于理解的操作界面和功能。

（二）结构特点

1. 高刚性、高精度

高刚性和高精度是数控机床在现代制造业中受到青睐的重要特点。这些特点不仅直接关系到机床的加工能力和产品质量，还与机床的结构设计、材料选择和制造工艺密切相关。了解数控机床的结构特点可以帮助我们更好地理解其高刚性和高精度的来源和优势。

数控机床的基础是其坚固的机体结构。为了实现高刚性，数控机床通常采用整体铸铁或焊接结构，以提供足够的稳定性和刚性。这种结构设计能够有效地抵抗切削力、振动和温度变化的影响，保证机床在加工过程中的稳定性和准确性。

高精度的数控机床在设计和制造过程中注重细节和精确度。机床的导轨、滑块和传动装置都采用高精度的加工和组装技术，以确保运动的平稳性和定位的精确度。精密的温度补偿系统和自动校正功能也是实现高精度加工的关键。

数控机床的主轴系统是其高刚性和高精度的关键组成部分。高性能的主轴单位通常采用直驱或高速电机、精密轴承和先进的冷却系统，以确保主轴在高速运转和重负荷条件下仍能保持稳定和精确的加工性能。

数控机床的控制系统也对其高刚性和高精度起着至关重要的作用。先进的数控系统能够实时监测和调整机床的运动状态、温度变化和切削参数，通过闭环控制和反馈机制实现高精度的加工和自动补偿。

高刚性和高精度的数控机床还通常配备有各种先进的辅助功能和设备，如自动换刀系统、刀具测量装置、工件测量装置和自动负载控制等。这些功能和设备不仅提高了机床的自动化程度和生产效率，还进一步增强了其加工能力和精度。

材料选择也是影响数控机床高刚性和高精度的重要因素。高强度、高刚性的材料（如高硬度合金钢、球墨铸铁等）和先进的表面处理技术（如热处理、精密磨削等）能够有效地提高机床的结构稳定性和加工精度。

2. 多功能、灵活性强

数控机床的结构特点之一是多轴控制能力。现代数控机床通常具有多个运动轴，如 X 轴、Y 轴、Z 轴，甚至还可能包括旋转轴、倾斜轴等。这些多轴控制能力允许数控机床在多个方向上进行复杂的运动和加工，实现更复杂的零件加工，提高加工精度和效率。

数控机床的结构特点还包括高速和高精度的运动系统。采用先进的伺服电机、螺杆、导轨和传感器，数控机床能够实现高速、高精度的运动控制。这种高精度和高速度的运动系统使数控机床能够满足精密零件加工的需求，如航空、医疗和高精度机械等领域。

除了多轴控制和高速高精度的运动系统，数控机床的结构特点还包括灵活的工具切换系统。现代数控机床通常配备自动换刀器、刀库、自动检测和校正系统等，使得工具更换快速、准确。这种灵活的工具切换系统有助于提高加工效率，减少非生产时间，满足多种加工需求。

数控机床的结构特点还包括智能化和自动化的控制系统。配备先进的数控系统、编程软件和仿真工具，数控机床能够实现自动化的加工过程，减少人为干预，提高生产效率和产品质量。智能化的控制系统还能够实时监控加工过程，及时调整加工参数，避免加工过程中的错误和问题。

数控机床的结构特点还包括模块化设计和可扩展性。模块化的设计允许数控机床根据不同的加工需求和工艺要求进行定制和配置。可扩展性的设计也使得数控机床可以随着技术的发展和需求的变化进行升级和扩展，延长设备的使用寿命和增强其功能。

数控机床的结构特点还包括节能和环保。采用先进的节能技术、材料和制造工艺，数控机床能够实现低能耗、高效率的加工。采用环保材料和工艺也有助于减少环境污染，符合可持续发展的要求。

数控机床的结构特点还包括良好的人机交互界面。现代数控机床通常配备触摸屏、图形界面、语音提示等用户友好的界面，使得操作员可以轻松地编程、监控和控制加工过程，提高工作效率和准确性。

数控机床的结构特点也注重设备的稳定性和可靠性。采用优质的材料、先进的制造工艺和严格的质量控制，数控机床能够确保长时间稳定运行，减少故障率，提高设备的可靠性和维护性。

二、数控机床的工作原理

（一）数控系统工作流程

1. 数据输入

数据输入是数控机床工作流程的起点。数据输入包括加工程序、工件图纸和切削参数等信息。加工程序是由程序员编写的一系列数控代码，描述了加工路径、切削策略和工具选择等关键信息。工件图纸则提供了工件的几何形状、尺寸和加工要求等详细信息。切削参数包括刀具材料、切削速度、进给速度和冷却液类型等，这些参数对于确保加工质量和效率至关重要。

数据输入通常通过计算机辅助设计和计算机辅助制造系统完成。CAD 系统用于创建和编辑工件图纸，提供直观的图形界面和丰富的设计工具，帮助工程师和设计师实现创意和创新。CAM 系统则用于生成加工程序，根据工件图纸和切削参数自动生成数控代码，简化编程过程，提高生产效率。

一旦数据输入完成，加工程序将被传输到数控机床的控制系统中。控制系统解析加工程序，将程序指令转化为实际的运动控制信号，驱动数控机床进行自动化加工。在这一阶段，操作员需要进行初步的程序验证和机床设置，确保加工程序的正确性和机床的准备状态。

加工准备包括工件夹持、刀具安装和机床调试等关键步骤。工件夹持是将工件固定在工作台上，提供稳定的加工支撑和定位。刀具安装则涉及选择合适的切削工具、安装到刀架上，并进行刀具长度和半径的校准。机床调试则是根据加工程序和切削参数进行机床的速度、进给和冷却液等设置，以实现预期的加工效果和加工质量。

除此之外，一旦机床和加工程序都准备好，数控机床就可以开始自动化加工。在加工过程中，控制系统负责实时监控机床的运动状态和加工质量，自动调整加工路径、切削速度和进给速度等参数，以实现高效、精确和稳定的加工。操作员需要定期检查加工状态，确保加工过程的顺利进行，并及时处理可能出现的问题和异常情况。

加工完成后，操作员需要对加工质量进行检查和评估。通过测量工件的尺寸、表面粗糙度和几何形状等关键参数，判断加工结果是否满足工件图纸和加工要求。如果发现问题或不合格，需要进行相应的调整和修正，重新加工或修改加工程序，直到满足预期的加工质量和要求。

数控机床的工作流程还包括维护和维修等日常管理活动。定期的机床维护和维修是确保机床性能和加工质量的关键，包括清洁机床、检查润滑系统、更换磨损部件等。对于硬件和软件的升级和更新也是数控机床工作流程中不可或缺的部分，以适应技术的发展和加工需求的变化。

数控机床的工作流程需要不断地优化和改进，以适应不断变化的制造环境和市场需求。通过引入先进的加工技术和管理方法，提高机床的自动化程度和智能化水平，实现更高效、更精确和更灵活的加工，满足客户的多样化和个性化需求。

2. 程序解析

程序解析的第一步是读取加工程序。在这一步中，数控机床的控制系统从外部存储设备（如U盘、硬盘、网络等）读取加工程序文件。这些文件通常是由数控编程软件生成的，包含了加工的几何信息、切削参数、加工顺序等。读取加工程序后，控制系统将其加载到内存中，准备进行后续的解析和执行。

程序解析的第二步是解析加工程序。在这一步中，控制系统对读取的加工程序进行解析，提取其中的加工信息和指令。这包括解析几何信息（如直线、圆弧、曲线）、切削参数（如切削速度、进给速度、切削深度）、加工顺序（如切削顺序、切削路径）等。解析完成后，控制系统生成加工路径和控制指令，用于控制机床的运动和操作。

程序解析的第三步是优化加工路径。在这一步中，控制系统对解析出的加工路径进行优化，以提高加工效率和工件质量。优化加工路径通常包括减少机床的空载移动、避免刀具干涉、优化切削轨迹等。通过优化，可以减少加工时间、降低能源消耗、延长刀具寿命，并提高加工精度和表面质量。

程序解析的第四步是生成控制指令。在这一步中，控制系统根据解析出的加工路径和优化后的参数，生成具体的控制指令。这些指令包括伺服驱动器的控制指令、刀具的控制指令、冷却液的控制指令等。控制指令经过编码和校验后，发送给机床的控制单元，执行机床的运动和操作。

程序解析的第五步是执行加工程序。在这一步中，机床的控制单元根据接收到的控制指令，控制机床各个轴的运动，实现加工程序的执行。控制单元还监控加工过程中的各种参数（如速度、位置、温度、压力等），确保加工的稳定性和安全性。执行完成后，控制单元将执行结果返回给控制系统，完成加工程序的执行。

程序解析的最后一步是保存加工日志和报告。在这一步中，控制系统将加工过程中的各种数据（如加工时间、切削参数、机床状态等）保存为加工日志，用于生产管理和质量控制。控制系统还可以生成加工报告，提供加工效率、质量指标、设备健康状况等信息，帮助企业进行生产分析和决策。

程序解析的整个工作流程需要持续的监控和调整。在实际的生产过程中，可能会遇到各种突发情况和变化，如刀具磨损、材料变化、设备故障等。因此，控制系统应具有良好的自适应性和灵活性，能够实时监控加工过程，及时调整加工参数和路径，确保加工的稳定性和安全性。

（二）执行机构工作原理

1. 主轴运动

数控机床的主轴运动是其加工过程中最关键的执行机构之一，直接影响到加工效率、加工质量和机床的整体性能。了解主轴运动的工作原理和执行机构的特点对于提高数控加工的精度和效率具有重要意义。主轴运动的工作原理包括驱动方式、控制方式、运动规划和反馈机制等多个方面。

主轴运动的驱动方式通常有两种，机械驱动和电机驱动。在机械驱动中，主轴通过齿轮、皮带或传动杆等机械传动元件与驱动电机连接。而电机驱动则直接使用电机作为动力源，通过电子控制系统调整电机的转速和方向，实现主轴的精确控制和调速。

控制方式是影响主轴运动精度和稳定性的另一个关键因素。数控机床的主轴控制通常采用闭环控制系统，其中包括编码器、控制器和伺服系统等组件。编码器实时监测主轴的位置和速度，控制器根据预设的加工参数生成控制信号，伺服系统负责调整电机的运行状态，实现主轴运动的精确控制。

主轴的运动规划是数控机床加工过程中的关键环节。运动规划包括主轴的启停、加速、匀速和减速等运动阶段，以及加工路径的选择和优化。在运动规划中，需要考虑到切削力、振动、刀具磨损等因素，以实现稳定、高效和高质量的加工。

反馈机制是保证主轴运动精度和稳定性的重要组成部分。通过编码器实时反馈主轴的位置和速度信息，控制器可以实时调整控制信号，使主轴运动与预期的加工路径和参数保持一致。这种闭环反馈机制能够有效地补偿系统误差，提高主轴运动的精度和稳定性。

主轴的轴承和润滑系统也是影响其运动性能的重要因素。高精度的轴承可以减少摩擦和磨损，提高主轴的旋转精度和寿命。而有效的润滑系统可以降低摩擦、冷却主轴并清除切削油渣，进一步提高主轴的加工效率和质量。

主轴的设计和制造质量也直接影响其运动性能。精密的加工工艺、高质量的材料和先进的热处理技术都可以提高主轴的刚性、耐磨性和稳定性，满足各种复杂和高精度的加工需求。

2. 进给运动

数控机床的执行机构通常采用伺服驱动系统来实现精确的进给运动。伺服驱动系统由伺服电机、螺杆传动、编码器和控制器组成。伺服电机作为动力源，通过控制器接收指令，驱动螺杆传动实现工具或工件的精确移动。编码器则实时反馈运动位置，确保运动的准确性和稳定性。

执行机构的螺杆传动是数控机床进给运动的关键组成部分。螺杆传动通过螺纹副的相互作用将旋转运动转化为直线运动。螺杆的螺距和导程决定了进给速度和分辨率，而其精度和刚性则影响了加工质量和稳定性。

除了伺服驱动系统和螺杆传动，数控机床的执行机构还可能采用液压或气动驱动方式。液压驱动系统利用液体压力将能量转化为机械运动，适用于大型、重负载的加工任务。而气动驱动系统则利用气体压力实现快速、轻型的运动，适用于高速、低精度的加工需求。

执行机构的导轨和轴承也是影响进给运动质量的重要因素。高精度、低摩擦的导轨和轴承能够提供平稳、准确的运动，减少振动和噪声，从而提高加工精度和表面质量。

数控机床的执行机构还可能配备自动换刀器、工具测量系统和自动校正装置等辅助设备。自动换刀器能够实现快速、准确的工具更换，提高生产效率。工具测量系统则可以实时检测工具长度和直径，自动校正刀具偏差，确保加工质量。自动校正装置能够定期检测和校正机床的几何误差，保持机床的长期稳定性和精度。

执行机构的控制器是数控机床进给运动的大脑。控制器负责解析数控程序，生成运动指令，控制伺服驱动系统和辅助设备，实现精确、高效的加工。先进的控制器还具有网络连接、数据存储和远程监控等功能，方便管理和维护。

执行机构的维护和保养也是确保数控机床长期稳定运行的关键。定期检查润滑、清洁和校准执行机构，及时更换磨损部件，可以延长设备使用寿命，减少故障率，提高生产效率。

数控机床的执行机构的设计和制造质量直接影响整机的性能和加工效果。优质的执行机构能够提供更高的加工精度、更稳定的运行和更长的使用寿命，从而满足复杂、高精度的加工需求。

第二节　数控机床的分类与特点

一、数控机床的分类

（一）按加工方式分类

1. 车床类

最常见的是数控车床，它主要用于旋转对称零件的外径和内径加工。数控车床具有多轴控制能力，可以实现复杂的轮廓加工、螺纹加工和多道工序自动化加工。

它适用于加工各种材料的轴类、盘类和套筒类零件，具有高效、精确和稳定的加工性能。

数控立式车床是一种立式结构的数控车床，主要用于加工大型、重型和复杂结构的工件。立式车床具有高刚性和稳定性，适用于重载和高速切削，特别是在航空、船舶和能源领域的大型零件加工中具有广泛应用。

数控多轴车床是一种具有多个工作轴的数控车床，可以同时进行多道工序的自动化加工。数控多轴车床具有高度的灵活性和生产效率，可以实现复杂的零件加工和高效的生产排程，特别适用于批量生产和多变形加工的需求。

数控斜床车床是一种具有斜床设计的数控车床，主要用于加工小型、精密和高精度的工件。斜床设计有助于排除切削废屑和冷却液，提高加工稳定性和加工质量，特别适用于精密机械、电子设备和医疗器械等领域的精密零件加工。

除了上述常见类型，还有数控龙门车床和数控环形车床等特殊类型。数控龙门车床是一种具有龙门结构的数控车床，主要用于加工大型和重型的板材、结构件和壳体等工件。龙门结构具有高刚性和稳定性，适用于重载和高速切削，特别是在船舶、桥梁和建筑领域的大型结构件加工中具有广泛应用。

数控环形车床是一种具有环形工作台的数控车床，主要用于加工大型和重型的圆环、齿轮和轮辋等工件。环形工作台可以实现 360° 的旋转，提供灵活的加工角度和方向，适用于各种圆形和旋转对称的工件加工，特别是在汽车、机械和航空领域的齿轮、轴承和涡轮等零件加工中具有广泛应用。

随着技术的发展，还出现了多功能和高度自动化的数控车床，如数控车铣复合机床和数控车磨复合机床等。这些复合机床结合了车、铣、钻、镗和磨等多种加工功能，可以实现一机多用和一次装夹多道工序的加工，提高生产效率和加工精度，适应多样化和定制化的生产需求。

2. 铣床类

立式铣床是最常见的一种铣床类型。立式铣床的主轴垂直于工作台面，刀具垂直于工件进行切削，适用于加工平面、孔、凹槽等形状。立式铣床结构简单、刚性好、操作方便，广泛应用于模具制造、零部件加工、机械制造等领域。它可以使用各种刀具（如立铣刀、端铣刀、T 形槽刀）进行不同类型的加工，具有较高的加工效率和精度。

卧式铣床是另一种常见的铣床类型。卧式铣床的主轴平行于工作台面，刀具垂直于工件进行切削，适用于加工大型、重型、复杂形状的工件。卧式铣床结构稳定、刚性强、加工能力强，常用于船舶制造、风电设备、铁路车辆等大型工件的加工。它可以进行平面铣削、曲面铣削、齿轮加工等多种加工操作，具有很好的通用性和适应性。

数控立卧式铣床是立式铣床和卧式铣床的结合，具有立式铣床的高效率和卧式铣床的稳定性。数控立卧式铣床的主轴可以在垂直和水平两个方向上移动，刀具可以进行多轴联动加工，适用于复杂、精密、多面加工的工件。数控立卧式铣床具有高精度、高效率、多功能的特点，广泛应用于航空航天、汽车制造、医疗器械等高端制造领域。

五轴数控铣床是一种高级、高精度的铣床类型。五轴数控铣床的主轴和工作台面都可以在多个方向上进行旋转和移动，刀具可以进行五轴联动加工，适用于复杂、曲面、立体的工件加工。五轴数控铣床具有高精度、高效率、高灵活性的特点，能够实现一次装夹完成多面加工，大大提高加工效率和工件精度，广泛应用于航空航天、模具制造、艺术品制作等领域。

数控铣床还包括桥式铣床、龙门铣床、三轴数控铣床等多种类型。桥式铣床的主轴横跨于工作台面之上，适用于大型工件的加工；龙门铣床的主轴垂直于工作台面，适用于大型、重型工件的加工；三轴数控铣床只能在三个坐标轴上进行加工，适用于简单、小型工件的加工。这些铣床类型各有特点，可以满足不同加工需求和应用场景。

数控铣床的发展趋势是向高精度、高效率、智能化方向发展。随着制造技术的进步和市场需求的变化，数控铣床的设计、结构、控制系统、刀具技术等都在不断创新和改进，以满足复杂、精密、高效的加工需求。数控铣床的智能化技术（如人工智能、物联网、云计算）也在逐步应用，提高生产自动化水平，降低生产成本，提高竞争力。

（二）按床身结构分类

1. 平面床

平面床数控机床的床身结构简单、稳定，适用于各种中小型工件的加工。平面床的主轴箱和工作台在同一平面上移动，减少了加工过程中的振动和变形，提高了加工精度和表面质量。这种床身结构通常适用于铣削、钻孔、镗孔和攻丝等常规加工操作。

立式床数控机床的床身结构与平面床有所不同，主轴箱沿垂直方向移动，适用于高速、高精度的立式加工。立式床机床具有较小的占地面积，适合于空间有限的工作环境。它常用于三轴、四轴和五轴立体加工中，特别是对于复杂曲面的加工和模具制造具有独特优势。

卧式床数控机床的床身结构特点是主轴箱和工作台沿水平方向移动，适用于大型、重型工件的加工。卧式床具有高刚性和稳定性，能够承受较大的切削力和转矩，适合于车削、铣削和钻孔等重型加工操作。这种床身结构通常用于船舶制造、风电设备和铁路车辆等大型机械的加工。

多轴床数控机床是一种结合了平面床、立式床和卧式床的优点，具有多个旋转和移动轴，能够实现复杂的多轴联动加工。多轴床机床的床身结构复杂，但灵活性强，适用于各种高精度和复杂形状的工件加工。多轴床通常用于航空航天、汽车、医疗器械和精密零件等领域的加工。

不同类型的数控机床床身结构各有优势和局限性，选择合适的床身结构应根据加工任务、工件尺寸、加工精度和生产效率等因素综合考虑。床身结构的稳定性、刚性和精度是影响数控机床加工质量和效率的重要因素，因此在选择和使用数控机床时，需要对床身结构有深入的了解和正确的应用。

2. 立式床

立式床数控机床的结构简单、稳定。由于其床身垂直于地面，这种设计能够提供更好的结构刚性和稳定性，特别是在高速加工和重负载加工时。这种稳定性有助于提高加工精度，减少振动和变形，从而得到更高质量的加工表面和尺寸精度。

立式床数控机床的工作空间大、易于操作。床身的垂直设计提供了宽敞的工作空间，方便操作员装夹大型工件或进行复杂的工艺操作。工作台和主轴的运动自由度也更高，可以实现多轴联动加工，满足复杂零件的加工需求。

除此之外，立式床数控机床的床身结构还具有良好的切削性能。由于主轴是垂直于工作台的，这种设计有助于排除切屑，减少切削热量对工件和刀具的影响，提高切削效率和工具寿命。这种结构也便于冷却液的喷射和清洗，进一步提高加工质量。

立式床数控机床还具有灵活的加工能力。其垂直床身设计允许工具和刀具从上方直接进入工件，适用于立式铣削、钻孔、攻丝等加工操作。立式床数控机床还可以配备自动换刀器、旋转工作台、四轴或五轴加工头等附件，实现更多种类、更复杂的加工操作。

立式床数控机床的床身结构也适合自动化生产线集成。由于其床身垂直，更容易与自动化装载、卸载设备、机器人等自动化设备配合，实现生产线的自动化、高效率运行。这为大规模生产和长时间连续加工提供了便利条件。

立式床数控机床的床身结构还方便设备维护和维修。由于主要机械部件都集中在床身内部，这使得检修和更换部件更为方便快捷。这不仅减少了设备停机时间，还有助于提高设备的可用性和稳定性。

立式床数控机床还具有较高的经济性。其结构简单、稳定，制造成本相对较低。由于其高效的加工能力和灵活的加工方式，可以满足多种加工需求，提高生产效率，降低生产成本。

立式床数控机床的床身结构也有一些局限性。由于其床身垂直设计，可能在一些需要大型工作台或需要水平加工平台的特殊加工应用中不太适用。对于一些特别大型或重型工件，立式床的承载能力可能会成为限制。

二、数控机床的特点

（一）灵活性、多功能

数控机床具有高度的灵活性，能够快速适应不同的生产任务和加工需求。通过简单的编程修改或参数调整，数控机床可以实现不同零件的加工，无需更换机床或大幅度调整机床设置。这种灵活性大大提高了生产的响应速度和生产效率，使企业能够更快速地满足市场需求和客户定制要求。

数控机床具有多功能的加工能力，可以实现多种加工操作在同一机床上完成。数控车铣复合机床结合了车、铣、钻等多种加工功能，能够在同一机床上完成旋转、平面、孔加工等多道工序。这种多功能性大大减少了机床切换和工件搬运的次数，提高了生产效率和加工精度。

数控机床的控制系统具有强大的处理能力和灵活的编程能力。控制系统可以实现复杂的数学计算、逻辑控制和运动控制，支持各种加工策略和路径规划。控制系统还支持多轴同步控制、实时监控和自动故障诊断等功能，确保机床的稳定性、安全性和可靠性。

数控机床采用了先进的传感器和检测技术，能够实时监测和反馈加工状态和质量。通过传感器对切削力、温度、振动等关键参数进行实时监测，控制系统可以自动调整加工参数和运动路径，优化加工效果和延长工具寿命。这种自动化的监测和反馈机制大大提高了加工的稳定性和一致性。

除此之外，数控机床还支持网络连接和远程监控，实现智能化的生产管理和优化。通过网络连接，数控机床可以与企业的信息系统、生产管理系统和 ERP 系统等进行数据交换和集成，实现生产进度、库存管理和成本控制的自动化。远程监控功能允许管理人员通过互联网远程访问和控制数控机床，实时监控生产状态和加工效果，及时处理异常和故障，提高生产管理的效率和响应速度。

数控机床在结构设计和制造工艺方面也具有一定的灵活性和多功能性。现代数控机床采用模块化和标准化的设计理念，可以根据不同的加工需求和生产环境进行定制和调整。数控机床的制造工艺和材料选择也越来越先进，可以实现高刚性、高精度和长寿命，适应各种复杂和恶劣的生产条件。

随着技术的不断进步和应用的广泛推广，数控机床的灵活性和多功能性将进一步增强。未来的数控机床将更加智能化、柔性化和集成化，结合人工智能、云计算和物联网等先进技术，实现更高效、更智能和更可持续的生产模式。

（二）智能化、自动化

数控机床在现代制造业中扮演着越来越重要的角色，它的智能化和自动化特点使得生产过程更加高效、精确和可靠。以下将详细介绍数控机床的智能化和自动化特点，以及它们在制造业中的应用和优势。

数控机床的智能化特点表现在其具有高度的自动化和智能控制能力。通过先进的控制系统和传感器技术，数控机床能够实时监测加工过程中的各种参数（如温度、速度、位置等），并根据预设的加工程序自动调整切削参数和机床运动轨迹，以实现自动化加工。这种智能化的控制能力大大提高了加工效率和加工精度，同时减少了人为误差和生产风险。

数控机床具有高度的精确性和重复性。由于其采用了数字化控制技术和精密的机械结构，数控机床能够实现高精度的加工，保证工件的尺寸精度和表面质量。数控机床的重复性好，即使在长时间连续运行的情况下，也能保持稳定的加工精度和一致的加工质量，满足高品质、大批量生产的需求。

数控机床具有良好的适应性和灵活性。通过修改加工程序和参数，数控机床可以适应不同的加工需求和工件材料，实现多种加工操作（如铣削、钻孔、切割、车削等）。数控机床还支持多轴联动、多工位切换、自动换刀、自动测量等高级功能，提高了机床的灵活性和生产效率，满足个性化、定制化生产的需求。

数控机床具有良好的人机交互性。通过直观、友好的人机界面，操作员可以轻松输入加工程序、调整加工参数、监控加工过程等。数控机床还支持远程监控和故障诊断功能，允许操作员和技术人员远程访问机床的状态和数据，及时发现和解决问题，提高了生产的可靠性和安全性。

数控机床具有良好的能源效率和环境友好性。通过优化的加工策略和节能技术，数控机床能够减少能源消耗和碳排放，降低生产成本，减少环境污染。数控机床的自动化和智能化特点还能减少人为操作和误操作，提高了工作环境的安全性和舒适性。

数控机床具有良好的数据管理和分析能力。通过数据采集、存储、处理和分析功能，数控机床能够实时收集和记录加工数据、设备状态、生产效率等信息，生成加工报告、生产分析和预测报告，为企业管理和决策提供有力的支持。这种数据驱动的管理方式有助于提高生产效率、优化生产流程、降低生产成本，提升企业竞争力。

第三节　数控机床的性能参数与评价

一、数控机床的性能参数

（一）定位精度

定位精度是评价数控机床性能的重要指标之一，它直接影响到加工的精度、工件的质量及生产效率。除了定位精度外，数控机床还有许多其他的主要性能参数，这些参数共同构成了数控机床的全面性能评价体系，对于用户选择、使用和维护数控机床具有指导意义。

定位精度是数控机床性能的核心指标之一。它描述了机床在非工作状态下，主轴和工作台或刀库之间的相对位置误差。定位精度的高低直接影响到加工件的尺寸精度和形状精度，是衡量数控机床加工质量的关键参数。通常，定位精度以微米（μm）为单位，数值越小表示定位精度越高。

重复定位精度是另一个重要的性能参数。它描述了数控机床在多次重复加工过程中，主轴和工作台或刀库之间的相对位置误差。重复定位精度的高低直接影响到批量生产的一致性和稳定性，是衡量数控机床生产效率和一致性的关键参数。

加工精度是数控机床性能的另一个核心指标。它描述了数控机床在加工工件时，实际加工尺寸与预期尺寸之间的偏差。加工精度包括轮廓精度、表面粗糙度、垂直度和平行度等多个方面。高精度的加工能够满足各种复杂和高精度的加工需求，提高加工件的质量和性能。

主轴转速范围是数控机床性能的一个关键参数。它描述了数控机床主轴的最大和最小转速范围。主轴转速范围直接影响到切削速度、刀具选择和加工效率，对于不同的加工材料和加工方式有不同的要求。

进给速度是数控机床性能的另一个重要参数。它描述了数控机床在加工过程中，主轴和工作台的最大进给速度。进给速度直接影响到加工效率、加工质量和切削工具的使用寿命，是衡量数控机床生产效率和经济性的关键指标。

刀具切换时间是影响数控机床生产效率的关键因素。它描述了数控机床在进行刀具切换时，从一个刀具到另一个刀具的切换时间。快速和准确的刀具切换能够提高加工效率，降低生产成本，满足快速生产和灵活生产的需求。

稳定性和可靠性是衡量数控机床性能的重要方面。稳定性描述了数控机床在长时间运行和重负荷加工时，保持加工精度和性能的能力。可靠性描述了数控机床在各种工作环境和条件下，正常、安全、连续运行的能力。稳定性和可靠性是保证数控机床长期稳定运行和提高生产效率的关键因素。

（二）加工精度

加工精度是评价数控机床性能的重要标准，它反映了机床在加工过程中能够达到的精确度水平。数控机床的加工精度直接影响到加工件的质量和加工效率。

数控机床的主要性能参数包括定位精度、重复定位精度、直线度、平行度和圆度等。定位精度是机床在运动到指定位置时的偏差，它直接关系到加工件的尺寸精度。重复定位精度是机床在多次运动后返回同一位置时的偏差，它影响到批量生产的一致性。

直线度是描述机床在直线运动时轴线与理想直线之间的偏差，而平行度是描述两个平行轴之间的偏差。这两个参数都是评价机床运动精度的重要指标，它们直接影响到加工面的平整度和尺寸精度。

圆度是描述机床在旋转运动时圆轨迹与理想圆之间的偏差，它反映了机床旋转部件的精度水平。除了这些主要参数外，还有其他如角度精度、表面粗糙度等次要参数也需要考虑。

加工精度的提高需要机床的结构设计、制造工艺、材料选择等多个方面的综合考虑。采用高刚性的机床结构可以提高加工精度，而高精度的传动系统和控制系统也是关键因素。

温度稳定性也是影响加工精度的重要因素。机床在加工过程中会产生热变形，影响加工精度。因此，采用温度补偿技术和冷却系统可以有效地控制机床的温度变化，提高加工精度。

二、数控机床的性能评价

（一）性能优势评价

评价数控机床性能的关键在于其功能、精度、稳定性和可靠性等方面。首先需考量其功能设计是否满足生产需求，包括加工范围、加工精度和加工效率等。应评估数控机床的加工精度，包括定位精度、重复定位精度和加工表面质量等指标。稳定性也是评价数控机床性能的重要指标之一，稳定性直接影响加工质量和生产效率。可靠性是评价数控机床性能的重要标准，即数控机床在长时间运行中能否保持稳定的性能表现，以及是否容易出现故障和损坏。综合考虑以上因素，对数控机床的性能做出全面准确的评价。

在功能方面，一台优秀的数控机床应具备广泛的加工范围，能够满足不同形状和尺寸工件的加工需求。其加工效率也应该高，能够在较短的时间内完成复杂工件的加工任务。功能设计应考虑到操作的便捷性和人性化，方便操作员进行加工参数的设置和调整。

精度是评价数控机床性能的重要指标之一。加工精度直接影响到加工件的质量和精度要求的达成程度。定位精度和重复定位精度是衡量数控机床加工精度的重要指标，定位精度指数控机床在加工过程中能够准确定位工件的能力，而重复定位精度则指数控机床在重复加工同一工件时能够保持一致的定位精度。加工表面质量是另一个重要的评价指标，影响着加工件的表面粗糙度。

稳定性是数控机床性能评价的另一个重要方面。数控机床在长时间运行过程中，应能够保持稳定的加工精度和加工质量，不受外部环境和工艺参数的影响。稳定性较高的数控机床能够有效提高生产效率，减少加工误差，降低加工成本。

可靠性是评价数控机床性能的重要指标之一。一台可靠性较高的数控机床在长时间运行中不易出现故障和损坏，能够保持稳定的性能表现。数控机床的维修和保养也应简便易行，降低维护成本和停机时间，提高生产效率。

（二）应用适用性评价

应用适用性评价是对数控机床性能的一种重要评价方式，其目的在于全面了解数控机床在实际工业生产中的表现，并据此提出改进建议。在评价过程中，不仅需要考虑数控机床的技术指标和性能参数，还需要结合实际应用场景和用户需求，从而得出全面的评价结论。

我们将数控机床的加工精度作为评价的重要指标之一。加工精度直接关系到数控机床加工零件的质量，是衡量其性能优劣的重要标志。通过对加工精度进行测试和分析，可以评估数控机床在加工过程中的稳定性和精度控制能力，进而判断其在实际生产中的适用性。

数控机床的加工效率也是评价的重要考量因素之一。加工效率直接关系到生产效率和成本效益，是衡量数控机床性能的重要指标之一。通过对数控机床的加工速度、换刀时间、加工一次成品率等指标进行测试和分析，可以客观评价其在实际生产中的加工效率，为用户提供参考依据。

数控机床的操作性和稳定性也是评价的重要方面之一。操作性主要包括数控系统的人机交互界面设计、操作流程的简便性等因素，而稳定性则关系到数控系统的稳定运行和故障率。通过对数控机床的操作界面进行用户体验测试，以及对其运行稳定性进行长时间稳定性测试，可以全面评价其在实际生产中的操作性和稳定性表现。

数控机床的维护保养成本也是评价的重要考量因素之一。维护保养成本直接关系到数控机床的运行成本和维护难度，是影响用户选择的重要因素之一。通过对数控机床的维护周期、易损件更换周期及维修成本等进行分析，可以客观评价其在实际生产中的维护保养成本，为用户提供参考依据。

第四节 数控机床的维护与保养

一、数控机床的日常维护

（一）清洁与润滑

为确保数控机床的正常运行和长期稳定性，日常维护至关重要。其中，清洁与润滑是两项不可或缺的工作。先谈谈清洁。数控机床在工作过程中会积累大量的金属屑、油污和灰尘，如果不及时清理，将会影响机床的精度和寿命。因此，操作人员每天在机床停工后应该对其进行彻底的清洁。清洁工作包括用清洁布擦拭机床表面和各个零部件，清理废屑收集器，清洁冷却液箱和油箱等。还需要定期清洗冷却系统，保持其畅通无阻，以确保冷却液的循环正常运行。要定期检查并更换过滤器，以防止污物堵塞管道，影响润滑系统的正常工作。

而润滑则是保证数控机床长期稳定运行的重要保障。在日常维护中，操作人员应该定期检查机床各个部位的润滑情况，并根据需要添加润滑油或润滑脂。特别是对于高速运转的零部件和轴承，润滑更是至关重要。适当的润滑能够减少零部件的磨损，降低摩擦，延长机床的使用寿命。也要注意及时清理润滑系统中的杂质，避免污物影响润滑效果。定期检查润滑油和润滑脂的质量和使用情况，确保其符合规定标准，及时更换老化或污染严重的润滑剂。

在日常维护工作中，清洁与润滑是两个不可分割的环节，它们共同构成了数控机床正常运行的基础。只有做好了清洁和润滑工作，才能保证机床的精度和稳定性，延长其使用寿命，为生产提供更可靠的保障。因此，操作人员应该高度重视清洁与润滑工作，制订详细的维护计划，并严格执行，以确保数控机床的长期稳定运行。

（二）机械部件检查

对数控机床的导轨进行检查。导轨是数控机床中最关键的部件之一，直接影响到机床的加工精度和稳定性。检查导轨表面是否有损伤或磨损，及时清洁导轨表面的杂物和油污，并进行润滑保养，以确保导轨的平稳运行。

对数控机床的主轴进行检查。主轴是数控机床的核心部件，直接影响到加工效率和加工质量。检查主轴的轴承是否运转灵活，是否有异常声音或振动，及时更换磨损严重的轴承，保证主轴的正常运转。

对数控机床的传动系统进行检查也是必不可少的。传动系统包括伺服电机、齿轮、皮带等部件，它们共同协作完成数控机床的各项加工任务。检查传动系统是否有松动、断裂或磨损现象，及时进行调整和更换，以确保传动系统的可靠性和稳定性。

还需要定期检查数控机床的液压系统和气压系统。液压系统和气压系统负责控制数控机床的各项动作，如进给、快速移动等。检查液压系统和气压系统的管路是否漏油或漏气，及时排除故障，保证系统的正常运行。

对数控机床的外观进行检查也是必要的。检查机床外壳是否有变形或损坏，清洁机床表面的杂物和油污，保持机床的整洁和美观。

二、数控机床的定期保养

（一）润滑系统保养

数控机床的润滑系统保养是确保机床长期稳定运行的关键步骤之一。润滑系统的正常运转能够有效减少机床零部件的磨损，提高加工精度和表面质量，延长机床的使用寿命。定期保养润滑系统对于保证数控机床的正常工作至关重要。

保养润滑系统的关键在于定期更换润滑油。润滑油在数控机床的润滑系统中起着关键作用，能够有效减少零部件的摩擦和磨损。定期更换润滑油能够保持润滑油的清洁度和性能稳定性，确保润滑系统的正常工作。

保养润滑系统还需要定期检查润滑油的油质和油位。检查润滑油的油质可以通过油质分析和油温检测等方式进行，确保润滑油的性能符合要求。还需定期检查润滑油的油位，保证润滑系统能够及时供油，有效减少机床零部件的摩擦和磨损。

定期清洗润滑系统的滤芯和滤网也是保养润滑系统的重要步骤之一。润滑系统的滤芯和滤网能够有效过滤掉润滑油中的杂质和污染物，保持润滑油的清洁度和性能稳定性。定期清洗滤芯和滤网可以防止其堵塞，确保润滑系统的正常工作。

还需要定期检查润滑系统的管路和接头，确保其密封性良好，防止润滑油泄漏。检查管路和接头的密封性可以通过目视检查和压力测试等方式进行，确保润滑系统的正常工作。

（二）备件更换与升级

对数控机床进行定期保养是确保其长期稳定运行和保持良好性能的重要措施之一。其中，备件更换与升级是定期保养的关键环节之一。定期更换和升级关键备件可以有效预防机床故障，延长机床使用寿命，提高生产效率。

定期更换数控机床的关键备件是保障机床正常运行的基础。这些关键备件包括主轴、导轨、丝杆、轴承、刀库等。主轴作为数控机床的核心部件，直接影响加工精度和加工效率。定期更换主轴轴承和润滑油可以保持主轴的稳定运转，防止因主轴故障导致的生产中断。导轨和丝杆作为数控机床的运动部件，其表面磨损会影响机床的定位精度和运动平稳性，定期更换和润滑这些部件可以保持机床的高精度加工能力。定期检查和维护刀库，保证刀具的及时更换和合理布局，可以保证数控机床在加工过程中的高效稳定运行。

定期升级数控机床的关键部件和系统是提高机床性能和适应性的重要手段之一。随着科技的不断进步和市场需求的不断变化，数控机床的关键部件和系统也需要不断更新和升级。数控系统作为数控机床的大脑，其软件功能和控制算法的升级可以提高机床的加工精度、加工效率和运动平滑性，提升数控机床的整体性能。升级数控系统还可以实现更多的功能和加工工艺，提高机床的加工适应性和灵活性。定期升级其他关键部件和系统，如冷却系统、润滑系统、自动换刀系统等，也可以提高机床的稳定性和生产效率，满足不断变化的生产需求。

第四章
数控加工工艺

第一节　数控加工工艺流程

一、数控加工前的准备工作

（一）工件设计与编程

在进行数控加工之前，工件设计与编程是至关重要的准备工作。工件设计涉及确定产品的形状、尺寸和结构，以及确定所需材料的特性。在这个阶段，设计师需要考虑到工件的功能需求、制造成本和加工难度等因素。而编程则是将设计好的工件转化为数控机床能够理解和执行的指令，这些指令将直接影响到加工质量和效率。

工件设计需要从产品的功能需求出发，确定产品的整体形状和结构。设计师需要考虑到产品的使用环境、承受的载荷及其他相关因素，以确保产品在使用过程中具有良好的性能和可靠性。设计师还需要根据产品的外观要求和市场需求，确定产品的外观形态和细节设计，以确保产品具有良好的市场竞争力。

工件设计还需要考虑到制造成本和加工难度等因素。设计师需要根据产品的设计要求和预算限制，选择合适的材料和加工工艺，以确保产品在制造过程中具有良好的经济性和可加工性。设计师还需要考虑到工件的结构复杂性和加工精度要求，以确定合适的加工工艺和加工设备，以确保产品能够满足设计要求和质量标准。

工件设计完成后，设计师需要进行编程工作，将设计好的工件转化为数控机床能够理解和执行的指令。编程工作涉及确定加工路径和切削参数等关键参数，以确保工件能够在数控机床上准确加工出所需形状和尺寸。编程工作还需要考虑到加工过程中可能出现的各种情况，如刀具磨损、材料变形等因素，以及相应的补偿措施，以确保加工质量和效率。

（二）刀具选择与安装

对于刀具的选择，需要根据加工材料的性质、形状和加工要求来确定。不同的加工材料需要选择不同的刀具材料和刀具类型，如硬质合金刀具适用于加工硬质材料，而高速钢刀具适用于加工软质材料。还需要考虑加工形状的复杂程度和加工要求的精度，选择合适的刀具类型，如平面铣刀、球头铣刀、螺纹刀。

刀具的安装也是至关重要的。正确的刀具安装能够保证刀具与工件之间的匹配度和加工稳定性。在安装刀具之前，需要仔细检查刀具的尺寸和形状是否符合要求，清洁刀具表面的杂物和油污。然后，将刀具安装在刀架或刀柄上，并确保刀具的夹紧力和刀具与工件的位置正确。使用扭矩扳手逐步紧固刀具，保证刀具安装牢固，避免在加工过程中产生松动或脱落现象。

还需要注意刀具的刃部保护和润滑。刀具的刃部是直接参与加工的部位，需要定期检查刀具刃部的磨损情况，及时更换磨损严重的刀具，保证加工质量和效率。在加工过程中需要确保刀具刃部的润滑和冷却，以减少摩擦和热量，延长刀具的使用寿命。

对刀具的储存和保养也是非常重要的。在数控加工前，需要对刀具进行储存和保养，避免刀具受潮、氧化或损坏。刀具应存放在干燥通风的环境中，避免受到阳光直射或高温。定期检查刀具的储存条件，确保刀具处于良好的状态。

二、数控加工的基本流程

（一）数控编程

数控编程是数控加工的关键环节之一，其基本流程包括工件几何建模、刀具路径规划、加工参数设置和程序调试等步骤。工件几何建模是数控编程的第一步，通过 CAD 软件将工件的几何形状转换为数学模型。刀具路径规划是数控编程的核心内容，确定刀具在加工过程中的运动轨迹和加工顺序。加工参数设置是数控编程的关键步骤之一，包括切削速度、进给速度、切削深度和切削宽度等参数的设置。程序调试是数控编程的最后一步，通过模拟加工和实际加工验证程序的正确性和可靠性。

工件几何建模是数控编程的第一步，通过 CAD 软件将工件的几何形状转换为数学模型。CAD 软件提供了丰富的建模工具和功能，可以根据实际需求对工件进行几何建模。在建模过程中，需要考虑工件的几何形状、尺寸和特征等因素，确保建模结果符合实际要求。

刀具路径规划是数控编程的核心内容，确定刀具在加工过程中的运动轨迹和加工顺序。刀具路径规划包括粗加工路径和精加工路径两个阶段，根据工件的几何形状和加工要求确定刀具的运动轨迹和加工顺序。在路径规划过程中，需要考虑刀具的进给方向、切削方向和切削路径等因素，确保加工效率和加工质量。

加工参数设置是数控编程的关键步骤之一，包括切削速度、进给速度、切削深度和切削宽度等参数的设置。加工参数的设置直接影响加工效率和加工质量，需要根据刀具材料、工件材料和加工要求等因素进行合理设置。在设置加工参数时，需要考虑切削力、切削温度和切削振动等因素，确保加工过程稳定可靠。

程序调试是数控编程的最后一步，通过模拟加工和实际加工验证程序的正确性和可靠性。在程序调试过程中，需要检查刀具路径是否正确、加工参数是否合适以及加工过程中是否存在问题等。通过程序调试，可以及时发现和解决程序中的错误和问题，确保数控加工过程顺利进行。

（二）数控加工操作

数控加工是一种高精度、高效率的加工方法，广泛应用于各种工业领域。它利用数控机床等设备，通过计算机控制加工工艺，实现对工件的精确加工。数控加工的基本流程包括工件设计、编程、机床设置、加工操作和质量检验等环节。

工件设计是数控加工的第一步，工件设计者根据产品的要求和实际需要，利用 CAD 软件进行工件设计。设计者需要根据产品的形状、尺寸和加工要求，绘制出详细的工件图纸，并确定加工工艺和加工参数。

编程是数控加工的关键环节，编程员根据工件图纸和加工要求，利用 CAM 软件进行数控程序的编写。编程员需要将工件图纸中的几何信息和加工要求转化为数控程序代码，包括刀具路径、切削参数、加工顺序等，以便数控机床能够按照程序代码进行自动加工。

机床设置是数控加工的前期准备工作，操作员需要根据加工程序和工件要求，对数控机床进行适当设置。这包括安装正确的刀具、夹具和工件，调整机床的各项参数，确保机床能够按照编写好的程序进行精确加工。

加工操作是数控加工的核心环节，操作员在机床操作界面上输入编写好的数控程序，启动数控机床进行加工。数控机床会按照程序代码自动控制刀具进行切削，完成工件的加工。操作员需要密切关注加工过程中的各项参数和指标，及时调整机床的运行状态，确保加工质量和加工效率。

质量检验是数控加工的最后一步，操作员需要对加工完成的工件进行质量检验和评估。这包括对工件的尺寸、形状、表面质量等进行检查，确保工件符合设计要求和加工标准。如果发现有缺陷或不合格的地方，需要及时调整机床参数或重新加工，直到满足要求为止。

（三）加工质量检查与调整

数控加工的基本流程中，加工质量检查与调整环节至关重要。这一环节涉及对加工过程中产生的工件质量进行评估和调整，以确保最终产品符合设计要求和客户需求。基本流程包括工件加工完成后的外观检查、尺寸测量、表面质量评估以及必要的调整和修正。

外观检查是加工质量检查的首要步骤之一。通过目视观察工件的外观特征，包括表面光滑度、形状和完整性等，以判断加工过程中是否存在明显的瑕疵或缺陷。外观检查有助于及时发现加工过程中可能存在的问题，为后续的调整和修正提供基础。

尺寸测量是加工质量检查的关键环节之一。通过使用测量工具，如千分尺、游标卡尺或三坐标测量机等，对工件的各项尺寸进行精确测量。尺寸测量结果与设计图纸中的要求进行对比，判断工件尺寸是否符合规定的公差范围。尺寸测量的准确性直接影响最终产品的质量和精度。

表面质量评估是加工质量检查的另一个重要环节。通过使用光学显微镜、表面粗糙度仪或光学投影仪等设备，对工件表面粗糙度和平整度等进行评估。表面质量的评估结果可以反映加工过程中刀具、加工参数和工件材料等因素对最终产品表面质量的影响程度，为进一步的加工调整提供依据。

根据加工质量检查的结果，进行必要的调整和修正是确保最终产品质量的关键步骤。这包括调整加工参数、更换刀具、调整加工路径或进行补偿等措施，以消除工件中存在的缺陷或不良特征。调整和修正的目的是使加工过程更加稳定、可靠，并确保最终产品达到设计要求和客户期望。

第二节　数控加工刀具与夹具选用

一、数控加工刀具的选用

（一）加工材料决定

在数控加工中，刀具的选用对加工质量、加工效率和工具寿命等方面都具有重要影响。正确选择适合加工材料的刀具可以提高加工效率、降低成本，保证加工质量。刀具的选用需根据加工材料的特性、加工工艺和加工要求等因素来确定。

加工材料的硬度是影响刀具选用的关键因素之一。不同硬度的材料需要选择不同种类的刀具。对于硬度较高的材料，如钢、合金钢等，通常选择硬质合金刀具或涂层刀具，以保证刀具有足够的硬度和耐磨性。而对于硬度较低的材料，如铝合金、塑料等，可以选择高速钢刀具或硬质合金刀具。

加工材料的切削性能也是刀具选用的重要考量因素之一。切削性能包括材料的切削硬度、切削性能和切屑形态等。不同切削性能的材料需要选择不同类型的刀具。对于切削性能较好的材料，如铜、铝等，可以选择高速钢刀具或硬质合金刀具，以提高切削速度和加工效率。而对于切削性能较差的材料，如不锈钢、高温合金等，通常选择涂层刀具或多刃刀具，以降低切削温度和延长刀具寿命。

加工材料的热导率和导热性也是刀具选用的重要考量因素之一。热导率和导热性影响切削过程中产生的切削温度和刀具磨损情况。对于热导率和导热性较好的材料，如铜、铝等，可以选择高速钢刀具或硬质合金刀具，以提高切削速度和加工效率。而对于热导率和导热性较差的材料，如不锈钢、高温合金等，通常选择涂层刀具或多刃刀具，以降低切削温度和延长刀具寿命。

（二）加工类型考虑

在进行数控加工时，选择适合的加工刀具至关重要。不同的加工类型和材料需要不同类型的刀具，以确保高效的加工过程和优质的加工结果。

对于不同的加工类型，需要考虑到切削方式、切削参数和切削条件等因素。对于铣削加工，常见的刀具类型包括立铣刀、球头铣刀和齿轮铣刀等，而对于车削加工，则需要考虑到外径刀、内径刀和切槽刀等刀具类型。还需要考虑到刀具的刃数、刀具材料和涂层等参数，以确保刀具具有良好的切削性能和耐磨性。

在选择刀具时，需要根据加工材料的硬度、韧性和热导率等特性，选择合适的刀具材料和涂层。对于加工硬度较高的材料，如钛合金和不锈钢，常见的刀具材料包括硬质合金和陶瓷等，而对于加工热导率较高的材料，如铝合金和铜合金，则可以选择高速钢和立铣刀等刀具类型。

还需要考虑到切削参数和切削条件对刀具的影响。切削参数包括切削速度、进给速度和切削深度等，而切削条件包括冷却液和切削油等辅助条件。合理选择切削参数和切削条件，可以有效降低刀具磨损和延长刀具寿命，提高加工效率和加工质量。

（三）经济性分析

对于数控加工来说，刀具的选择直接影响到加工质量和加工效率。因此，在选用刀具时，需要充分考虑工件的材料、形状及加工工艺等因素。在加工硬度较高的材料时，选择耐磨性强、切削力小的刀具可以提高加工效率，降低能耗成本。

刀具的耐用性也是经济性分析的重要考量因素。一把耐用的刀具可以减少更换次数，降低停机维护成本，从而提高生产效率。因此，在选用刀具时，不仅要考虑其初期购买成本，还要综合考虑其整体使用寿命，以及相应的维护费用。

对于不同类型的数控加工，需要选用不同种类的刀具。在铣削加工中，常用的刀具包括立铣刀、球头铣刀等；而在车削加工中，则需要选择适合的车刀、车削刀片等。因此，在进行经济性分析时，必须充分了解加工工艺和所需刀具类型的特点，以确保选用的刀具能够最大程度地满足加工需求，同时实现成本控制。

刀具的品牌和质量也是影响经济性的重要因素。优质的刀具通常具有更长的使用寿命和更稳定的加工性能，虽然其初期购买成本可能较高，但从长期来看，却能够带来更高的经济效益。因此，在进行选型时，不能只关注价格因素，还要考虑刀具的品牌声誉和质量保证。

随着科技的不断进步，一些新型的刀具材料和加工技术不断涌现，这也为提高经济性提供了新的机遇。采用先进的涂层技术可以提高刀具的耐磨性和切削性能，从而延长其使用寿命，降低加工成本。因此，需要不断关注行业的发展动态，及时引进和应用新技术，以保持竞争优势。

二、数控加工夹具的选用

（一）工件形状决定

工件形状在数控加工中扮演着至关重要的角色，因为它直接影响着加工过程中夹具的选择。对于不同形状的工件，需要选择相应形状的夹具，以确保夹持牢固、稳定。对于圆形工件，通常会选择三爪或四爪卡盘进行夹持，而对于方形或长方形工件，则可能会选用平口钳或刀具夹具。因此，工件形状的不同将直接决定了夹具的选用方式。

工件形状也会影响到加工中所需的加工步骤和工艺。对于复杂曲面的工件，可能需要采用多轴数控加工来实现精确加工，这就需要相应的多轴夹具来配合加工过程。而对于简单形状的工件，则可能只需要简单的夹具和加工步骤就可以完成加工。因此，了解工件的形状可以帮助制定出最合适的加工方案，提高加工效率和质量。

工件形状还会影响到加工中可能出现的变形和变化。在加工长而细的工件时，由于其自身的重量和加工过程中的受力情况，容易出现振动和变形现象，这就需要通过合适的夹具设计来解决。而对于薄壁工件，则可能需要特殊的支撑和夹持方式，以防止加工过程中的变形和损坏。因此，了解工件形状对于选择合适的夹具和加工方法至关重要。

工件形状还会影响到加工过程中的切削力和切削效率。不同形状的工件在加工过程中所受到的切削力分布不同，因此需要选择相应的夹具来稳定工件，并通过合理的切削参数来提高加工效率和质量。对于曲面工件，可能需要采用特殊的刀具和切削路径来保证加工表面的质量和精度。因此，工件形状的不同将直接影响到加工过程中的切削力分布和切削效率。

工件形状还会影响到加工后的工件精度和表面质量。不同形状的工件在加工过程中所受到的加工变形和残余应力不同，因此可能需要采用不同的工艺和后处理方法来保证加工后的工件精度和表面质量。对于复杂曲面的工件，可能需要进行多次加工和精密磨削才能达到所需的精度和表面质量。因此，了解工件形状对于制定合适的加工工艺和质量控制方案至关重要。

（二）加工稳定性考虑

加工稳定性是数控加工过程中至关重要的考虑因素，而选择合适的数控加工夹具对于确保加工稳定性至关重要。本章将就这一主题展开深入探讨，从夹具设计、材料选择、精度要求等方面进行分析。

夹具设计在加工稳定性中扮演着至关重要的角色。一个合理设计的夹具可以确保工件在加工过程中保持稳定的位置和姿态，从而提高加工的精度和效率。因此，在选择数控加工夹具时，应该考虑夹具的结构设计是否符合工件的形状和加工要求，以及是否能够提供足够的支撑和固定，防止在加工过程中产生振动或变形。

材料选择是影响加工稳定性的另一个关键因素。夹具的材料应具有足够的硬度和强度，以确保在加工过程中不会发生变形或磨损。材料的表面处理也很重要，应该具有良好的耐磨性和抗腐蚀性，以提高夹具的使用寿命。还应考虑材料的密度和热传导性能，以确保夹具在加工过程中能够有效地传递和分散加工时产生的热量，避免因热变形而影响加工精度。

精度要求也是选择数控加工夹具时需要考虑的重要因素之一。不同的加工任务对夹具的精度要求不同，有些加工需要高精度的夹具来确保加工件的尺寸和形状精度，而有些加工则可以使用精度要求较低的夹具。因此，在选择数控加工夹具时，应该根据具体的加工任务和精度要求来确定夹具的精度等级，并选择符合要求的夹具。

还需要考虑夹具的稳定性和可靠性。夹具在加工过程中必须能够稳定地固定工件，以防止加工过程中出现偏差或失真。因此，在选择数控加工夹具时，除了考虑夹具本身的设计和材料，还应该考虑夹具的稳定性和可靠性，确保夹具能够在长时间的使用中保持稳定的工作性能。

（三）生产效率分析

生产效率分析是制造业中至关重要的一环，而在数控加工领域，加工夹具的选用更是直接影响到整体生产效率的关键因素。因此，对于如何选择合适的数控加工夹具，进行系统的分析和评估显得尤为重要。

考虑加工夹具的适用性。在选择加工夹具时，需要充分考虑其适用于所要加工的零件类型和工艺流程。不同类型的零件可能需要不同类型的夹具来保持其稳定性和精度。因此，了解加工零件的特点和加工过程的需求是选择合适加工夹具的首要考虑因素。

考虑加工夹具的精度和稳定性。数控加工的精度要求较高，而加工夹具作为保持工件稳定的工具，在加工过程中必须具备良好的稳定性和精度。因此，在选择加工夹具时，要考虑其制造精度、材料强度及固定方式等因素，以确保加工过程中不会出现误差或变形，从而影响加工质量。

成本效益也是选择加工夹具的重要考虑因素之一。虽然高精度、高稳定性的加工夹具往往价格较高，但在某些情况下，可以通过合理的成本投入来提高生产效率和加工质量，从而实现长期的成本效益。因此，在选择加工夹具时，需要综合考虑其价格、性能和预期效益，以达到最佳的成本效益比。

考虑加工夹具的灵活性和通用性。随着生产需求的变化和技术的进步，加工夹具需要具备一定的灵活性和通用性，以适应不同类型和规格的零件加工。因此，在选择加工夹具时，要考虑其调整范围、适用范围，以及更换和调整的便捷性，以提高生产线的灵活性和适应能力。

考虑加工夹具的可靠性和维护性。加工夹具作为生产线的关键设备之一，其可靠性直接影响到生产线的稳定运行和生产效率。因此，在选择加工夹具时，要考虑其设计结构、材料耐久性及维护保养的便捷性，以确保加工夹具能够长期稳定地运行，并且减少维护成本和停机时间。

第三节　数控加工工艺优化

一、数控加工工艺参数优化

（一）切削参数优化

对于数控加工而言，切削速度是一个至关重要的参数。合理的切削速度可以有效地控制加工过程中的热量积累，减少刀具磨损，提高加工效率。因此，在优化切削参数时，需要根据材料的性质、刀具的材质和加工要求等因素来确定最佳的切削速度。

切削深度和进给速度也是影响加工质量和效率的重要因素。过大的切削深度和进给速度可能导致刀具断裂或加工表面粗糙，而过小则会降低加工效率。因此，在优化切削参数时，需要综合考虑工件材料、刀具类型和加工要求等因素，合理确定切削深度和进给速度，以实现最佳的加工效果。

刀具的选择也是影响加工质量和效率的重要因素之一。不同材料和形状的刀具适用于不同的加工任务，因此在优化切削参数时，需要根据具体加工要求选择合适的刀具，以确保加工质量和效率的同时最大限度地延长刀具的使用寿命。

切削润滑和冷却也是影响加工效率和刀具寿命的重要因素。合适的切削润滑和冷却可以有效降低加工温度，减少切削力，提高切削效率，并延长刀具的使用寿命。因此，在优化切削参数时，需要注意选择合适的切削润滑和冷却方式，并根据具体加工情况进行调整，以实现最佳的加工效果。

（二）加工路径优化

加工路径优化在数控加工中扮演着至关重要的角色，它直接影响到加工效率和加工质量。通过合理设计加工路径可以最大限度地减少切削时间和切削路线，提高加工效率。采用最短路径切削可以减少不必要的刀具移动，降低加工时间。合理设计切削路径还可以减少切削时的冲击和振动，提高加工稳定性。

加工路径优化还可以降低刀具磨损和延长刀具寿命。通过合理设计切削路径，可以减少刀具在加工过程中的频繁进出切削区域，降低刀具磨损速度。采用连续切削路径可以减少刀具在切削区域的进出次数，降低刀具磨损。因此，加工路径优化对于降低加工成本和提高生产效率具有重要意义。

加工路径优化还可以提高加工精度和表面质量。通过合理设计切削路径，可以减少加工过程中的残余应力和变形，提高加工精度。采用最优切削路径可以降低切削时的热变形和切削力，提高加工精度。合理设计切削路径还可以减少切削时的毛刺和毛边，提高加工表面质量。

在数控加工中，工艺参数优化是提高加工效率和产品质量的关键之一。通过优化切削速度、进给速度和切削深度等参数，可以实现最佳的切削效果。合理选择切削速度和进给速度可以使切削过程更加稳定，降低加工温度和切削力，提高切削效率。优化切削深度可以减少切削力和刀具磨损，延长刀具寿命。

工艺参数优化还可以改善加工表面质量和减少加工残余应力。通过合理选择切削速度和进给速度，可以减少加工表面的毛刺和毛边，提高加工表面质量。降低切削速度和提高进给速度可以减少表面粗糙度，提高加工表面光洁度。优化切削参数还可以减少加工过程中的残余应力，降低工件变形的风险。

工艺参数优化还可以降低加工成本和提高生产效率。通过合理选择切削速度和进给速度，可以降低切削能耗和刀具消耗，降低加工成本。优化工艺参数还可以减少加工中的废品率，提高生产效率。合理选择切削速度和进给速度可以降低加工过程中的切削力和切削温度，减少工件变形和损坏的风险，降低废品率。

1. 刀具路径优化

刀具路径优化对于数控加工的效率和加工质量至关重要。优化的刀具路径可以最大限度地减少切削时间和切削力，从而提高加工效率并减少刀具磨损。因此，在进行数控加工之前，必须对刀具路径进行合理规划和优化，以确保最佳的加工效果。

刀具路径优化可以通过多种方法实现。其中，最常见的方法之一是利用 CAM 软件来生成优化的刀具路径。CAM 软件可以根据加工件的几何形状和加工要求，自动生成最佳的刀具路径，以最小化切削时间和切削力，并确保加工质量。还可以利用专业的刀具路径优化算法，如遗传算法、模拟退火算法等，来寻找最优的刀具路径。

数控加工工艺参数的优化也是提高加工效率和加工质量的关键。工艺参数包括切削速度、进给速度、切削深度等，它们直接影响着加工过程中的切削力、切削温度和加工表面质量。因此，在进行数控加工之前，必须对工艺参数进行合理选择和优化，以实现最佳的加工效果。

工艺参数的优化可以通过实验和仿真两种方法来实现。实验方法是通过试验和实际加工来确定最佳的工艺参数组合，以实现最佳的加工效果。而仿真方法则是利用数值模拟软件对加工过程进行模拟和优化，以预测不同工艺参数组合对加工效果的影响，并找到最优的工艺参数组合。

还可以借助专业的工艺参数优化软件来实现工艺参数的优化。这些软件通常具有强大的优化算法和仿真功能，可以帮助用户快速准确地找到最佳的工艺参数组合，从而实现加工效率和加工质量的最大化。

2. 避免振动和变形

避免振动和变形是数控加工过程中需要重点关注的问题之一，而工艺参数的优化则是有效解决这些问题的关键。通过合理调整工艺参数，可以最大程度地减少振动和变形，从而提高加工质量和生产效率。

在进行数控加工工艺参数优化时，需要考虑切削参数的选择。切削速度、进给速度和切削深度是影响加工过程中振动和变形的重要因素。合理选择这些参数，可以使切削过程更加稳定，减少振动产生的可能性，从而降低工件的变形率。

需要注意工件材料的特性。不同材料具有不同的硬度、韧性和热导率等特性，对加工过程中振动和变形的影响也不同。因此，在进行数控加工工艺参数优化时，要根据工件材料的特性调整切削参数，以最大程度地降低振动和变形的发生。

刀具的选择也是影响加工质量的重要因素之一。合适的刀具类型和刀具几何参数可以有效降低切削力和热量的集中，减少振动和变形的发生。因此，在进行数控加工工艺参数优化时，要根据加工材料和加工要求选择合适的刀具，以确保加工过程的稳定性和精度。

机床的稳定性和刚性也对加工过程中的振动和变形有着重要影响。良好的机床稳定性和刚性可以有效减少振动的传播和工件的变形，从而提高加工质量和加工效率。因此，在进行数控加工工艺参数优化时，要选择具有良好稳定性和刚性的机床，并定期进行维护和保养，以确保其正常运行。

要充分利用数控系统提供的功能和优势。数控系统具有精密的控制能力和灵活的调整功能，可以实时监测加工过程中的各项参数，并根据实际情况进行调整和优化。因此，在进行数控加工工艺参数优化时，要充分利用数控系统的功能，及时调整工艺参数，以最大程度地减少振动和变形的发生。

二、数控加工工艺流程优化

（一）简化加工步骤

分析加工流程中的瓶颈环节是优化的第一步。识别并解决加工流程中存在的瓶颈环节可以有效提高生产效率，缩短加工周期。因此，对加工流程进行全面的分析和评估，找出影响生产效率的瓶颈环节，并采取相应的措施进行优化，是实现加工工艺流程优化的关键。

采用先进的数控加工设备和技术也是优化加工工艺流程的重要手段之一。先进的数控加工设备具有更高的加工精度和稳定性，能够实现复杂零件的高效加工，同时还能减少人工干预，提高生产效率。因此，引进先进的数控加工设备和技术，对提高加工工艺流程的效率和质量具有重要意义。

优化加工工艺流程还需要注重提高工人技能水平和加工操作规范性。加强对工人的培训和技能提升，使其熟练掌握数控加工设备的操作和维护技能，能够熟练应对各种加工情况，提高生产效率和产品质量。建立和完善加工操作规范，规范加工流程，减少人为因素对加工质量和效率的影响，也是优化加工工艺流程的重要举措。

优化加工工艺流程还需要注重信息化建设和数据分析。建立完善的信息化系统，实现对生产过程的实时监控和数据采集，能够及时发现问题并进行调整，提高生产效率和产品质量。利用大数据分析技术对生产数据进行深入分析，挖掘潜在的优化空间，优化加工工艺流程，提高生产效率和产品质量。

（二）自动化与智能化

自动化与智能化是当今数控加工领域的重要趋势，对于优化加工工艺流程具有重要意义。自动化和智能化技术的应用可以实现加工过程的自动控制和智能优化。通过引入自动化机器人系统，可以实现工件的自动装夹、刀具更换和加工过程监控，从而降低人工干预，提高生产效率。智能化系统可以根据实时加工数据和反馈信息，自动调整加工参数和路径，优化加工过程，提高加工质量和稳定性。

自动化与智能化技术的应用可以实现加工工艺流程的数字化和信息化。通过数控系统和工厂信息化平台，可以实现对加工过程的实时监控和数据采集，将加工参数、工艺流程和产品质量信息进行数字化记录，为后续优化提供数据支撑。通过数据分析和人工智能算法，可以实现对加工过程的智能预测和优化，提高生产效率和产品质量。

自动化与智能化技术的应用还可以实现加工工艺流程的灵活性和可调性。通过柔性制造系统和智能化调度算法，可以实现生产任务的动态调度和优先级排序，根据实际生产需求灵活调整加工流程和资源配置，提高生产效率和响应速度。智能化系统还可以根据不同工件特征和加工要求，自动选择最优加工工艺和参数，实现加工流程的个性化定制，提高生产灵活性和适应性。

自动化与智能化技术的应用还可以实现加工工艺流程的全面优化和协同优化。通过工业互联网和物联网技术，可以实现各个环节之间的数据共享和信息交互，实现加工过程的全面监控和协同优化。智能化系统还可以实现对加工设备、工件和刀具等资源的动态管理和优化配置，实现资源的最优利用，提高生产效率和资源利用率。

自动化与智能化技术的应用还可以实现加工工艺流程的持续改进和迭代优化。通过实时数据监控和反馈，可以及时发现加工过程中的问题和不足，通过智能化算法和人工智能技术，可以快速分析和诊断问题原因，并提出相应的改进方案。通过数据积累和模型训练，可以逐步提高系统的智能化水平和优化效果，实现加工工艺流程的持续改进和提升。

第五章
数控加工质量控制

第一节 数控加工质量要求与标准

一、数控加工工艺质量要求

（一）材料选用标准

材料的选用对于数控加工工艺至关重要。材料的选择应当符合相关标准和要求。考虑到工件的具体用途和性能需求，选用合适的材料至关重要。材料的机械性能、化学性能及加工性能也是选择的重要考量因素。因此，在进行材料选用时，必须充分考虑以上各方面因素，以确保最终产品的质量和性能。

在数控加工工艺中，材料的机械性能是至关重要的。材料的强度和硬度直接影响到工件的承载能力和耐磨性。材料的韧性和抗拉伸性也是需要考虑的重要因素，特别是在需要经受高强度或高频率运动的工件中。因此，选择具有良好机械性能的材料对于保证数控加工工艺的质量和稳定性至关重要。

材料的化学性能也是影响数控加工工艺质量的重要因素之一。材料的化学成分会直接影响到其耐腐蚀性能，尤其是在一些特殊工况下需要考虑材料的抗腐蚀能力。材料的热稳定性和耐高温性也需要被重视，特别是在高温环境下进行加工的工件。因此，在选择材料时，必须考虑到其化学性能，以确保工件在各种工况下都能够保持稳定的性能表现。

材料的加工性能也是影响数控加工工艺质量的关键因素之一。材料的可加工性直接影响到加工效率和加工精度。材料的热导率和热膨胀系数也是需要考虑的重要因素，特别是在高温加工过程中需要考虑材料的热稳定性。因此，在选择材料时，必须充分考虑其加工性能，以确保能够满足数控加工工艺的要求。

（二）加工精度要求

加工精度是数控加工工艺中至关重要的一环，它直接关系到工件的质量和性能。在现代制造业中，对于加工精度的要求越来越高，这不仅是为了满足产品的功能需求，更是为了提升整体生产效率和竞争力。因此，有必要深入了解加工精度的要求及如何通过数控加工技术来实现这些要求。

加工精度的要求通常包括尺寸精度、形位精度和表面粗糙度等方面。尺寸精度是指工件加工后的尺寸与设计要求之间的偏差，而形位精度则是指工件表面的形状和位置与设计要求之间的偏差。表面粗糙度则是指工件表面粗糙度和平整度。这些精度要求往往直接影响着工件的装配性能和使用寿命。

数控加工工艺在实现加工精度要求方面具有明显的优势。相比传统的机械加工方法，数控加工具有更高的精度和稳定性。通过数控系统精确控制加工参数，可以有效地提高加工精度，并且减少人为误差的影响。数控加工还可以实现自动化生产，提高生产效率和产品质量的一致性。

加工精度的要求还需要结合具体的工件特点和加工环境来进行综合考虑。不同材料、不同形状的工件可能对加工精度有着不同的要求。加工环境的温度、湿度等因素也会对加工精度产生影响。因此，在制定加工方案时，需要全面分析工件的特性，并合理调整加工参数，以确保达到所需的加工精度。

加工精度的要求还需要在加工过程中进行严格的监控和检测。通过使用精密的测量仪器和检测设备，可以及时发现加工过程中的问题，并采取相应的措施加以调整。建立健全的质量管理体系，加强对加工过程的监督和管理，也是保证加工精度的重要手段。

1. 定位精度

数控加工工艺质量对于定位精度的要求至关重要。定位精度是指工件在加工过程中相对于机床坐标系的位置精确度，直接影响着加工件的尺寸、形状等质量指标。在实际加工中，保证定位精度是确保产品质量和生产效率的关键之一。

对于数控加工工艺来说，机床本身的精度是保证定位精度的基础。因此，在选择机床时，应优先考虑其定位精度指标，确保其能够满足加工工艺的要求。仅有高精度的数控机床才能够保证加工件的定位精度达到预期的要求。

在进行数控编程时，应该充分考虑工件的几何特征和加工工艺，合理设计加工路径和刀具轨迹，以最大限度地提高定位精度。采用合适的刀具及切削参数，并结合适当的切削策略，可以有效降低加工过程中的振动和变形，从而提升定位精度。

正确的夹持和装夹方式也是确保定位精度的重要因素之一。合理选择夹具类型和夹持位置，采用稳固可靠的夹持方式，可以有效地减小工件在加工过程中的位移和偏差，保证加工件的定位精度达到要求。

在实际加工过程中，及时监测和调整加工参数也是保证定位精度的关键。通过实时监控加工过程中的加工力、加工温度等参数，及时发现加工异常，采取相应措施进行调整，可以有效地避免因加工过程中的变化导致的定位精度降低。

对于高精度加工件来说，还可以采用补偿技术来进一步提高定位精度。通过对加工过程中的误差进行实时监测，并通过数学模型进行补偿，可以有效地提高加工件的定位精度，确保其满足高精度加工的要求。

2. 加工表面粗糙度要求

对于不同类型的加工工艺，表面粗糙度的要求可能会有所不同。对于铣削、车削、磨削等加工方式，其所需的表面粗糙度标准可能存在差异。因此，在制定加工工艺时，必须根据具体情况明确表面粗糙度的要求。

表面粗糙度的要求通常会根据产品的用途和要求进行调整。对于一些对表面粗糙度要求不高的零部件，可以适当放宽要求，以提高加工效率和降低成本。而对于一些对表面粗糙度要求较高的精密零部件，就需要严格控制表面粗糙度，以确保产品的质量和性能。

需要考虑到加工材料的特性和加工工艺的限制。不同材料的加工难度和性能不同，因此其表面粗糙度的要求也会有所不同。加工工艺的不同也会对表面粗糙度产生影响。采用不同的切削参数、刀具等，都会对最终的表面粗糙度产生影响，因此在制定加工工艺时，必须综合考虑这些因素。

为了保证表面粗糙度的要求能够得到满足，还需要采取一系列的质量控制措施。加工过程中的实时监控和调整，以及对加工后的产品进行检测和筛选等。只有通过严格的质量控制，才能够确保最终产品的表面粗糙度达到要求。

二、数控加工产品质量标准

（一）外观质量要求

外观质量是评价数控加工产品的重要标准之一。外观质量直接影响到产品的美观度和整体形象。良好的外观质量也是提升产品附加值和竞争力的关键因素之一。因此，在进行数控加工产品生产时，必须严格控制外观质量，确保产品达到客户和市场的期望。

在数控加工产品的外观质量要求中，表面粗糙度是一个重要指标。表面粗糙度直接影响产品的视觉效果和手感体验。在一些特殊应用场合，如光学器件或精密仪器的制造中，表面粗糙度更是至关重要的。因此，在进行数控加工时，必须采取适当的工艺措施，确保产品表面达到所需的粗糙度要求。

外观质量还包括产品的尺寸精度和形状精度。尺寸精度直接影响到产品的装配和使用效果。形状精度则关系到产品的功能和性能表现。因此，在进行数控加工时，必须严格控制加工工艺，确保产品的尺寸精度和形状精度符合设计要求，达到客户的使用需求。

外观质量还涉及产品的表面处理和涂装。良好的表面处理可以提升产品的耐腐蚀性和耐磨性，延长产品的使用寿命。合适的涂装工艺可以增加产品的装饰效果和防护性能。因此，在进行数控加工产品生产时，必须选择合适的表面处理和涂装工艺，确保产品的外观质量达到要求。

（二）功能性能要求

确保数控加工产品的功能性能达到标准是保证产品质量的关键。在现代制造业中，产品的功能性能直接影响着产品在市场上的竞争力和用户体验。因此，我们有必要深入了解数控加工产品质量标准中的功能性能要求，以确保产品能够满足用户的需求和期望。

功能性能要求通常涵盖产品的各项功能特性，包括但不限于机械性能、电气性能、热学性能等方面。机械性能要求通常包括产品的强度、刚度、耐磨性等指标，以确保产品在使用过程中能够承受外部载荷和环境影响。电气性能要求则涉及产品的电气参数、电路设计等方面，确保产品能够稳定可靠地工作。热学性能要求则关系到产品的散热性能、温度控制等方面，以确保产品在高温或低温环境下能够正常工作。

数控加工产品质量标准中的功能性能要求需要根据具体产品的用途和行业标准进行制定。不同类型的产品可能对功能性能有着不同的要求，例如汽车零部件对强度和耐磨性要求较高，电子产品对电气性能和散热性能要求较高。因此，在制定产品质量标准时，需要充分考虑产品的实际应用场景和用户需求，确保功能性能要求能够满足产品的设计和使用要求。

功能性能要求的制定还需要考虑产品的可靠性和稳定性。在实际使用过程中，产品往往会受到各种外部因素的影响，如振动、湿度、温度等，这些因素可能会影响产品的功能性能。因此，产品质量标准中需要设置相应的测试方法和检测标准，对产品的功能性能进行全面的评估和验证，以确保产品能够在各种环境条件下稳定可靠地工作。

功能性能要求的制定还需要充分考虑产品的安全性和环保性。在制定产品质量标准时，需要确保产品的设计和制造符合相关的安全法规和环保标准，以保护用户的人身安全和环境的可持续发展。产品质量标准中还需要设置相应的测试方法和检测标准，对产品的安全性和环保性进行评估和验证，以确保产品符合相关的法律法规和标准要求。

第二节　数控加工质量检测方法

一、数控加工表面质量检测方法

（一）视觉检测方法

视觉检测方法在数控加工表面质量检测中发挥着重要作用。随着数控技术的不断发展，视觉检测系统已经成为一种高效、精准的表面质量检测手段。视觉检测方法通过摄像头等设备捕捉加工表面的图像信息，并通过图像处理算法对表面缺陷、尺寸偏差等进行分析和识别，从而实现对表面质量的快速检测和评估。

视觉检测方法具有高效性和自动化特点。相比传统的人工检测方法，视觉检测系统能够实现对加工表面的全面覆盖和连续监测，大大提高了检测效率和准确性。通过预先设定好的检测算法和参数，视觉检测系统可以自动识别并记录表面缺陷和尺寸偏差，无需人工干预，极大地提高了生产效率和质量稳定性。

视觉检测方法具有高精度和高分辨率的优势。现代视觉检测系统配备了高性能的图像传感器和图像处理器，能够实现对加工表面图像的高清采集和精细处理。通过对图像进行分析和比对，视觉检测系统能够准确地检测出微小的表面缺陷和尺寸偏差，保证加工件的质量达到要求。

视觉检测方法具有灵活性和通用性的特点。视觉检测系统可以根据不同加工件的特点和要求进行灵活配置和调整，适用于各种形状、材质和尺寸的加工件表面质量检测。视觉检测系统还可以实现对多种表面缺陷的检测和分类，包括表面瑕疵、凹凸不平、表面粗糙度等，满足不同生产场景的检测需求。

在实际应用中，视觉检测方法还可以与其他检测手段相结合，实现更全面、更精确的表面质量检测。可以将视觉检测系统与激光测量、三维扫描等技术相结合，共同完成对加工表面的形貌、尺寸和表面粗糙度等多方面的检测，从而实现对加工质量的全面监控和评估。

（二）光学检测方法

一种常用的光学检测方法是利用光学显微镜。通过放大镜头，显微镜可以清晰地观察到加工表面的微观结构和特征。这种方法适用于对表面微观缺陷、划痕、裂纹等进行检测和分析。结合数字图像处理技术，可以对显微镜观察到的图像进行进一步处理和分析，提取出有用的信息，实现对表面质量的定量评估。

另一种常用的光学检测方法是激光散斑技术。该技术利用激光束照射在加工表面上，形成散斑图案，通过观察和分析散斑图案的形态和分布特征，可以推断出表面的粗糙度、平整度等质量指标。激光散斑技术具有非接触、快速、高精度的特点，适用于对大面积加工表面进行在线实时检测。

除了以上提到的方法，还有一种常用的光学检测方法是白光干涉技术。该技术利用白光干涉仪对加工表面进行扫描和测量，通过干涉条纹的形成和变化，可以获取表面的三维形貌信息，包括表面高度、形状等。白光干涉技术具有高分辨率、高灵敏度的优势，适用于对表面微小变化进行精确测量和分析。

近年来还出现了一些基于机器视觉和人工智能技术的光学检测方法。通过建立图像识别和分析模型，可以实现对加工表面的自动检测和分类，大大提高了检测效率和准确性。这种方法适用于对大批量加工件的质量检测和分拣，具有较高的实用价值和市场前景。

1. 表面形貌测量

数控加工表面质量的检测方法是确保产品符合标准和要求的关键步骤之一。表面形貌测量是评价数控加工表面质量的重要手段之一。通过合适的测量方法可以准确地评估表面粗糙度、形状偏差等指标，为进一步改进加工工艺提供参考。因此，在数控加工中，表面形貌测量方法的选择和应用至关重要。

一种常用的表面形貌测量方法是使用三坐标测量机进行测量。通过三坐标测量机可以实现对复杂曲面的高精度测量。结合合适的测量软件，可以对表面粗糙度、平面度、曲率等指标进行全面评估。因此，三坐标测量机在数控加工表面质量检测中具有重要的应用价值。

另一种常用的表面形貌测量方法是使用光学显微镜进行观察和测量。光学显微镜具有高分辨率和高放大倍数的优势，可以对微观表面形貌进行精确观察和测量。通过配合数字图像处理技术，可以实现对表面缺陷、瑕疵等细节的检测和分析。因此，光学显微镜在数控加工表面质量检测中也具有重要的应用潜力。

扫描电子显微镜是一种常用的表面形貌测量方法。扫描电子显微镜具有极高的分辨率和放大倍数，可以对表面微观结构进行高清观察和测量。通过配合能谱分析等技术，可以进一步分析表面成分和结构特征。因此，扫描电子显微镜在数控加工表面质量检测中具有重要的应用前景。

原子力显微镜也是一种常用的表面形貌测量方法。原子力显微镜具有极高的分辨率和灵敏度，可以实现对表面原子级的观察和测量。通过配合不同的探针和扫描模式，可以实现对表面形貌、力学性质等多个方面的全面评估。因此，原子力显微镜在数控加工表面质量检测中也具有重要的应用价值。

2. 表面粗糙度测试

确保数控加工产品的表面质量达到标准是保证产品质量的重要方面之一。表面粗糙度是评价产品表面质量的重要指标之一，直接影响产品的外观效果、功能性能及使用寿命。因此，有必要深入了解表面粗糙度测试和数控加工表面质量检测方法，以确保产品表面质量符合要求。

表面粗糙度测试是评价产品表面质量的关键步骤之一。表面粗糙度指的是产品表面的起伏程度和表面不平整度，通常用于描述表面粗糙度。在数控加工过程中，通过控制加工参数和加工工艺，可以有效地控制产品的表面粗糙度。为了确保产品表面质量达到标准，需要对表面粗糙度进行精确的测试和评估。

表面粗糙度测试方法主要包括触摸式测试和非接触式测试两种。触摸式测试是指通过触摸式表面粗糙度测试仪器，直接测量产品表面的起伏程度和不平整度。这种方法简单直观，适用于一般的表面粗糙度测试需求。而非接触式测试则是指通过光学、激光或超声波等技术，对产品表面进行扫描或测量，然后利用计算机进行数据处理和分析，得出表面粗糙度参数。这种方法精度高、速度快，适用于对表面粗糙度要求较高的产品。

数控加工表面质量检测方法需要结合具体产品的特点和加工要求进行选择。不同类型的产品可能对表面粗糙度有着不同的要求，例如汽车零部件对表面粗糙度要求较高，电子产品对表面平整度要求较高。因此，在选择表面质量检测方法时，需要充分考虑产品的实际用途和用户需求，以确保测试结果能够准确反映产品表面的质量状况。

数控加工表面质量检测方法还需要注意测试环境和操作规范。在进行表面粗糙度测试时，需要确保测试环境干净整洁，避免外界因素对测试结果的影响。操作人员需要按照操作规范进行操作，确保测试数据的准确性和可靠性。还需要定期对测试设备进行维护和校准，以保证测试设备的正常运行和测试结果的准确性。

二、数控加工尺寸质量检测方法

（一）三坐标测量

三坐标测量在数控加工尺寸质量检测中扮演着至关重要的角色。它是一种精密的测量技术，通过测量加工件的三维坐标信息，实现对尺寸、形状等多个方面的精确测量和评估。在数控加工领域，三坐标测量方法被广泛应用于对零部件的尺寸精度进行验证和检测，以确保加工件的尺寸质量符合设计要求。

三坐标测量方法具有高精度和高可靠性的特点。通过采用高精度的测量传感器和精密的运动控制系统，三坐标测量设备能够实现对加工件尺寸的微米级甚至亚微米级的测量精度。这种高精度的测量能力，使得三坐标测量方法成为了验证加工件尺寸精度的重要手段之一。

三坐标测量方法具有全面性和灵活性的优势。三坐标测量设备可以同时测量加工件的多个尺寸参数，包括长度、宽度、高度、直径等，实现对加工件尺寸的全方位检测和评估。三坐标测量设备还可以根据具体的测量需求进行灵活配置和调整，适用于不同类型、不同尺寸的加工件的尺寸质量检测。

三坐标测量方法还具有高效性和自动化的特点。现代的三坐标测量设备配备了先进的自动化控制系统和数据处理软件，能够实现对加工件尺寸的快速测量和数据分析。通过预先设定好的测量程序和参数，三坐标测量设备可以自动完成测量任务，大大提高了测量效率和准确性。

在实际应用中，三坐标测量方法还可以与其他测量手段相结合，实现更全面、更精确的尺寸质量检测。可以将三坐标测量结果与光学测量、激光测量等技术的结果进行比对和验证，以确保测量数据的准确性和可靠性，为加工质量的评估提供更为可靠的依据。

（二）激光测量方法

一种常用的激光测量方法是激光位移传感器。该传感器利用激光束与被测物体表面的反射光进行干涉，通过测量干涉条纹的移动来确定物体表面的位移，从而实现对尺寸的测量。激光位移传感器具有高灵敏度、高分辨率的特点，适用于对微小尺寸变化的测量和监控。

另一种常用的激光测量方法是激光三角测量。该方法利用激光束与被测物体表面的反射光进行三角测量，通过测量激光束与物体表面的入射角和反射角之间的关系，可以计算出物体表面的形状和尺寸。激光三角测量具有测量范围广、精度高的优势，适用于对复杂形状和曲面的测量。

除了以上提到的方法，还有一种常用的激光测量方法是激光扫描测量。该方法利用激光扫描仪对被测物体进行扫描，通过收集扫描点的坐标信息，可以生成物体的三维模型，并对其尺寸进行测量。激光扫描测量具有高效、全面的特点，适用于对大型和复杂结构的物体进行尺寸检测。

近年来还出现了一些基于激光雷达和光学相干断层扫描等新技术的激光测量方法。这些方法具有高精度、高速度和高分辨率的优势，适用于对加工零件尺寸的在线实时监测和检测。通过结合数控加工系统，可以实现对加工过程的自动化控制和质量保证。

第三节　数控加工质量问题分析与处理

一、数控加工质量问题分析

（一）材料因素分析

分析数控加工质量问题时，必须考虑到材料因素对产品质量的影响。材料的选择直接关系到产品的机械性能和耐用性。材料的加工性能会影响到加工过程中的稳定性和效率。因此，对材料因素进行全面分析是解决数控加工质量问题的关键一步。

材料的机械性能是影响数控加工质量的重要因素之一。材料的强度和硬度直接关系到产品的承载能力和抗压性能。材料的韧性和抗拉伸性也会影响到产品在使用过程中的安全性和稳定性。因此，在进行数控加工时，必须选择具有良好机械性能的材料，以确保产品的质量和可靠性。

材料的化学性能也会对数控加工质量产生影响。材料的化学成分会影响到产品的耐腐蚀性能，尤其是在一些特殊工况下需要考虑材料的抗腐蚀能力。材料的热稳定性和耐高温性也是需要考虑的重要因素，特别是在高温加工过程中需要考虑材料的性能稳定性。因此，在进行数控加工时，必须充分考虑材料的化学性能，以确保产品在各种工况下都能够保持稳定的性能表现。

材料的加工性能也是影响数控加工质量的关键因素之一。材料的可加工性直接影响到加工效率和加工精度。材料的热导率和热膨胀系数也是需要考虑的重要因素，特别是在高温加工过程中需要考虑材料的热稳定性。因此，在选择材料时，必须充分考虑其加工性能，以确保能够满足数控加工工艺的要求。

材料的表面质量也会直接影响到数控加工产品的最终质量。材料的表面粗糙度会影响到产品的外观和手感。表面平整度和表面形貌对于一些需要进行表面处理或涂装的产品尤为重要。因此，在进行数控加工时，必须选择表面质量良好的材料，并且采取适当的加工工艺措施，以确保产品的表面质量达到要求。

（二）加工误差分析

数控加工质量问题的分析是确保产品质量稳定性和提升生产效率的关键一环。在数控加工过程中，加工误差是导致产品质量问题的主要原因之一。因此，我们有必要深入分析数控加工质量问题中的加工误差，并找出其根源，以采取相应的措施进行改进和优化。

加工误差的分析需要从加工工艺和加工参数两个方面进行考虑。加工工艺包括工件夹持、刀具选择、切削速度等方面，而加工参数则包括切削深度、进给速度、切削速度等参数。加工误差往往是由于加工工艺和加工参数的选择不当导致的，因此需要对加工工艺和加工参数进行综合分析，找出对产品质量影响最大的因素。

加工误差的分析还需要考虑机床和刀具等设备因素。机床的精度和稳定性直接影响着加工精度和表面质量，而刀具的选择和磨损情况则会影响切削效果和加工质量。因此，在分析加工误差时，需要对机床和刀具等设备因素进行全面评估，找出可能存在的问题，并采取相应的措施加以改进和优化。

加工误差的分析还需要考虑材料因素。不同材料的物理性质和加工特性不同，可能会对加工精度和表面质量产生不同程度的影响。因此，在选择加工材料时，需要充分考虑材料的性能和加工性能，以确保产品能够达到预期的质量要求。

加工误差的分析还需要考虑人为因素。操作人员的操作技术和经验水平直接影响着加工质量，不规范的操作和操作失误可能会导致加工误差的产生。因此，在分析加工误差时，需要对操作人员的操作技术进行评估，并进行相应的培训和指导，以提升其操作技能和加工质量。

加工误差的分析需要采用科学的测试方法和检测手段。通过使用精密的测量仪器和检测设备，可以对产品的加工精度和表面质量进行全面的评估和检测，找出存在的问题和不足之处。建立健全的质量管理体系，加强对加工过程的监督和管理，也是保证产品质量稳定性的重要手段。

1. 切削误差

切削误差是数控加工中常见的质量问题之一，对加工件的尺寸精度和表面质量都会产生不良影响。切削误差可能由多种因素引起，包括机床刚性、刀具磨损、工件材料性质等。对切削误差进行深入分析，可以帮助找出问题根源并采取相应措施加以解决。

机床刚性是导致切削误差的重要因素之一。在数控加工过程中，如果机床的结构刚性不足或者存在松动现象，就会导致切削力的不稳定性，进而引起加工件的尺寸偏差和表面粗糙度增加。因此，对机床的结构和精度进行定期检查和维护，是减小切削误差的关键措施之一。

刀具的磨损和使用状态也会直接影响切削误差的产生。随着刀具不断使用，其刃口会逐渐磨损，导致切削力的变化和切削温度的增加，从而引起加工件的尺寸偏差和表面质量下降。因此，定期更换和维护刀具，并根据加工条件合理选择刀具类型和切削参数，是减小切削误差的有效手段之一。

工件材料性质对切削误差也有一定影响。不同材料的硬度、塑性等性质不同，对切削工艺的稳定性和切削参数的选择都会产生影响。对于硬度较高的材料，需要采用合适的切削工艺和刀具，以减小切削力和刀具磨损，从而降低切削误差的发生率。

数控编程和加工路径规划也可能引起切削误差。不合理的加工路径和刀具轨迹会导致加工过程中的振动和共振现象，进而影响加工件的尺寸精度和表面质量。因此，在进行数控编程时，应充分考虑加工件的几何形状和特征，合理设计加工路径和切削策略，以最大限度地减少切削误差的产生。

加工环境和操作人员技术水平也会对切削误差产生影响。不稳定的加工环境、不良的操作习惯或者操作人员技术水平不足，都可能导致切削过程中的不稳定性和误差的增加。因此，加强对操作人员的培训和管理，优化加工环境，对于减小切削误差具有重要意义。

2. 重复定位误差

需要考虑到数控加工设备本身的精度和稳定性。如果数控机床或机床配件的精度不足或存在磨损，就容易导致重复定位误差。因此，定期对设备进行维护和保养，及时更换磨损件，是预防重复定位误差的重要措施之一。

加工过程中可能存在的振动和变形也会导致重复定位误差的出现。加工过程中的切削力和惯性力会导致机床结构的振动和变形，从而影响到加工件的定位精度。

为了减小振动和变形对加工精度的影响，可以采取加固机床结构、优化切削参数等措施。

加工过程中的温度变化也是导致重复定位误差的一个重要因素。由于加工过程中会产生大量的热量，如果不能及时有效地排除，就会导致机床和工件的温度升高，进而影响到定位精度。因此，可以通过加装冷却装置、控制加工环境温度等方式来降低温度变化对加工精度的影响。

加工过程中可能存在的刀具磨损和刀具磨损补偿不足也会导致重复定位误差的出现。当刀具磨损严重时，其加工轨迹可能会发生偏移，从而影响到加工件的定位精度。因此，定期更换刀具、加强刀具监测和磨损补偿是预防重复定位误差的关键。

另外，加工过程中可能存在的程序错误和操作不当也会导致重复定位误差。程序中的坐标偏移、速度过快等错误设置都会直接影响到加工件的定位精度。因此，对加工程序进行严格的审核和测试，培训操作人员掌握正确的操作技能，是避免重复定位误差的有效途径。

二、数控加工质量问题处理

（一）提升设备精度

提升数控加工设备的精度是解决质量问题的重要途径之一。提升设备精度可以有效提高加工产品的尺寸精度和形状精度。高精度的设备可以减少加工误差和工艺变异，从而提升产品的一致性和稳定性。因此，在处理数控加工质量问题时，必须重视提升设备精度这一关键措施。

一种常见的提升设备精度的方法是优化设备结构和动力系统。通过改进设备的结构设计，优化加工平台、导轨、滑块等部件的布局和连接方式，可以减少机械变形和振动，提升设备的稳定性和刚性。通过优化动力系统，提升伺服驱动、螺杆传动等关键部件的性能和控制精度，可以实现更高的运动精度和定位精度。因此，通过优化设备结构和动力系统，可以有效提升数控加工设备的精度。

另一种提升设备精度的方法是采用高精度的传感器和测量系统。通过采用高精度的位置传感器和角度传感器，可以实时监测设备运动状态和位置信息，从而实现更精确的运动控制和定位精度。通过采用高精度的测量系统，如激光干涉仪、光栅尺等，可以对加工过程中的尺寸和形状进行实时监测和反馈，及时调整加工参数，确保产品达到设计要求的精度。因此，通过采用高精度的传感器和测量系统，可以有效提升数控加工设备的加工精度和质量稳定性。

提升设备精度还需要重视设备的维护和调整。定期进行设备的清洁和润滑，检查设备各部件的磨损和松动情况，及时更换磨损部件，保持设备的正常运行状态。定期进行设备的校准和调整，对关键部件进行精密调整和校验，保证设备的运动精度和定位精度。因此，通过加强设备的维护和调整，可以有效延长设备的使用寿命，提升设备的加工精度和稳定性。

提升设备精度还需要加强操作人员的技术培训和管理。加强操作人员对设备操作和维护的培训，提高其对设备性能和加工工艺的理解和掌握程度。建立健全的设备管理制度和标准操作流程，规范设备的使用和维护，减少人为因素对设备精度的影响。因此，通过加强操作人员的技术培训和管理，可以提升设备的稳定性和加工精度，保证产品质量的稳定性和一致性。

（二）改进工艺流程

处理数控加工质量问题并改进工艺流程是确保产品质量稳定性和提升生产效率的关键一环。在面对质量问题时，及时采取有效的措施进行处理和改进工艺流程是至关重要的。因此，我们有必要深入分析数控加工质量问题的处理方法，并探讨如何改进工艺流程以提高产品质量和生产效率。

处理数控加工质量问题的关键是及时发现问题并迅速采取措施加以解决。在生产过程中，需要建立完善的质量监控体系，对加工过程进行实时监测和控制，及时发现加工异常和质量问题。一旦发现问题，需要立即停止生产并进行调查分析，找出问题的根源，并采取相应的纠正措施，防止问题再次发生。

改进工艺流程是解决数控加工质量问题的重要途径之一。通过分析质量问题的发生原因和影响因素，可以找出存在的问题和不足之处，并对工艺流程进行相应的调整和优化。这包括调整加工参数、优化工艺路线、改进设备配置等方面，以提高加工精度和产品质量稳定性。

改进工艺流程还需要充分利用先进的技术手段和管理方法。随着科学技术的不断发展，各种先进的数控加工技术和管理方法不断涌现，为解决质量问题提供了更多的选择和可能性。采用先进的数控编程软件和仿真技术，可以优化加工路径和提高加工精度；采用先进的质量管理方法和工具，可以实现对加工过程的全面监控和管理，提高产品质量和生产效率。

改进工艺流程还需要加强对人员技术培训和管理。操作人员的操作技术和经验水平直接影响着加工质量和生产效率，因此需要加强对人员的培训和管理，提升其操作技能和质量意识。建立健全的激励机制和考核制度，激发员工的积极性和创造力，促进工艺流程的持续改进和优化。

第四节　数控加工质量管理实践

一、数控加工质量管理体系建立

（一）制定质量管理目标和政策

在建立数控加工质量管理体系时，制定明确的质量管理目标和政策至关重要。质量管理目标应该明确反映组织对产品质量的期望，而质量管理政策则是组织对质量管理工作的总体指导方针和原则，对于确保产品质量、提高生产效率和满足客户需求都至关重要。

质量管理目标应着眼于提升产品质量水平。这意味着确保加工件的尺寸精度、表面质量和功能性能达到或超过客户的要求，以满足市场需求并提升企业竞争力。质量管理目标应该明确具体、可量化，例如通过降低产品不合格率、提高合格品率等指标来衡量质量管理的成效。

质量管理目标还应注重持续改进和创新。数控加工技术和市场需求都在不断变化，因此质量管理目标应该包括对生产工艺、设备技术和管理方法的持续改进，以适应新的市场环境和客户需求。鼓励员工提出改进建议，并建立反馈机制，以促进质量管理的持续提升。

质量管理目标还应强调成本控制和效率提升。虽然追求高品质是质量管理的首要目标，但同时也要考虑成本效益和资源利用效率。因此，质量管理目标应该在保证产品质量的前提下，尽可能降低生产成本、提高生产效率，实现质量管理与经济效益的双赢。

在质量管理政策的制定方面，首先应确立质量是企业的生命线的理念。这意味着将质量管理视为企业生产经营的核心，贯穿于组织的各个方面，从领导层到基层员工都要牢记质量第一的原则，以确保产品质量和客户满意度。

质量管理政策还应强调全员参与和持续改进。质量管理是一项系统工程，需要全员参与，只有每个员工都将质量管理视为自己的责任，才能够形成共同的质量管理意识和文化。鼓励员工不断提出改进建议，促进质量管理体系的不断完善和进步。

质量管理政策还应注重客户导向和市场导向。客户是企业生存和发展的根本，因此质量管理政策应该以客户需求和市场需求为导向，不断提升产品质量和服务水平，以赢得客户信赖和口碑，提升企业竞争力和市场地位。

质量管理政策还应强调合规和持续改进。企业应遵守相关的法律法规和标准要求，建立健全的质量管理体系，并定期进行内部和外部审核，发现问题及时纠正和改进，以确保质量管理工作的有效实施和持续改进。

（二）质量管理流程建立

建立质量管理团队是质量管理体系建设的关键一步。质量管理团队应该由具有丰富经验和专业知识的人员组成，他们负责制定和执行质量管理策略、监督和评估质量管理流程的执行情况，并及时调整和改进流程。

明确质量管理的目标和指标是建立质量管理体系的重要内容。质量管理的目标应该与企业的战略目标相一致，例如提高产品质量、降低不良率、提高客户满意度等。需要制定相应的质量指标来衡量质量管理的效果，如产品合格率、客户投诉率、返工率等。

建立全面的质量管理流程是质量管理体系建设的核心。质量管理流程应该覆盖从产品设计、原材料采购、加工生产、到产品检验、包装运输等全过程。每个环节都应该有相应的控制措施和操作规程，确保产品质量的稳定和可控。

加强对供应链的管理也是建立质量管理体系的重要内容。数控加工行业通常依赖于大量的原材料和零部件供应商，因此对供应链的质量管理至关重要。可以通过与供应商建立长期稳定的合作关系、加强供应商审核和评估、建立供应商质量管理体系等方式来确保供应品质的稳定和可靠。

另一方面，建立质量培训体系也是质量管理体系建设的重要环节。员工是质量管理的执行者，他们的素质和技能直接影响到产品质量和质量管理效果。因此，需要加强对员工的质量意识培训、技术技能培训等，提高员工的质量意识和操作技能。

建立健全的质量反馈和改进机制是质量管理体系建设的关键。质量反馈机制可以通过客户投诉、内部审查、不良品处理等方式收集质量信息，及时发现和解决质量问题。需要建立持续改进机制，通过分析质量数据、开展质量改进项目等方式，不断提升质量管理水平和产品质量水平。

1. 加工流程规范化

规范化加工流程是建立高效数控加工质量管理体系的重要一环。规范化加工流程可以提高加工效率和产品质量稳定性。通过建立标准化的加工流程，可以降低人为因素对产品质量的影响，提高生产的一致性和可控性。因此，在建立数控加工质量管理体系时，必须重视加工流程的规范化。

一种常见的加工流程规范化方法是制定标准操作流程（SOP）。通过详细分析加工过程中的各个环节和步骤，确定每个环节的具体操作要求和标准操作流程。将标准操作流程编写成文件形式，并向操作人员进行培训和宣贯，确保他们理解和遵守标准操作流程。因此，通过制定标准操作流程，可以实现加工过程的规范化和标准化，提高产品的一致性和质量稳定性。

另一种加工流程规范化方法是采用先进的生产管理系统（MES）。MES 系统可以实时监控生产过程中的各个环节和参数，及时发现和解决生产中的问题和异常。MES 系统可以对加工流程进行全面的数据采集和分析，为优化生产提供可靠的数据支持。因此，通过采用 MES 系统，可以实现加工流程的智能化和数字化管理，提高生产效率和产品质量。

建立质量管理体系也是加强数控加工质量管理的关键措施之一。建立符合 ISO 9001 等相关质量管理体系标准的质量管理体系，明确质量管理的组织结构、职责分工和工作流程。建立质量管理体系文件和记录，包括质量手册、程序文件、记录表等，确保质量管理工作的规范和可追溯性。因此，通过建立质量管理体系，可以实现质量管理工作的科学化和规范化，提高产品的质量稳定性和可靠性。

加强供应链管理也是加强数控加工质量管理的重要措施之一。建立稳定可靠的供应链体系，选择合格的原材料供应商和合作伙伴，确保原材料的质量稳定和可控。建立供应链管理信息系统，实现对供应链各环节的全面监控和管理，及时发现和解决潜在的质量问题。因此，通过加强供应链管理，可以确保原材料的质量稳定和产品质量的可靠性。

2. 质量控制点设置

质量控制点的设置需要充分考虑产品加工过程中的关键环节和关键参数。这些关键环节和参数往往对产品质量有着重要的影响，因此需要在这些位置设置质量控制点，对产品进行全面的监控和控制。在数控加工中，可以设置质量控制点在工件夹持、刀具选择、加工参数设置等关键环节，以确保产品在加工过程中能够达到预期的质量要求。

质量控制点的设置需要根据产品的特点和加工要求进行灵活调整。不同类型的产品可能对质量控制点有着不同的要求，因此需要根据产品的实际情况进行合理设置。对于精密零部件的加工，可能需要设置更多的质量控制点来确保加工精度和表面质量；而对于一般零部件的加工，则可以适度减少质量控制点，以提高生产效率。

质量控制点的设置还需要考虑加工过程中可能存在的问题和隐患。在设置质量控制点时，需要充分考虑加工过程中可能出现的误差和异常情况，并设置相应的监控和控制措施。可以设置质量控制点在加工过程中对加工参数进行实时监测和调整，及时发现并纠正加工过程中的问题，以保证产品质量稳定性和一致性。

质量控制点的设置还需要充分利用先进的技术手段和管理方法。随着科学技术的不断发展，各种先进的监测设备和数据分析工具不断涌现，为质量控制提供了更多的选择和可能性。可以利用数控系统自带的监控功能对加工参数进行实时监测和控制；还可以采用先进的数据分析方法对加工过程进行全面的监控和分析，及时发现并解决质量问题。

建立完善的数控加工质量管理体系是确保质量控制点有效运行的关键。质量管理体系需要包括质量目标设定、质量控制点设置、质量监控和改进等环节，以确保质量控制点能够有效运行并持续改进。还需要加强对人员的培训和管理，提高员工的质量意识和技术水平，以保证质量管理体系的有效实施和运行。

二、数控加工质量监控与改进

（一）实时监控加工过程

通过实时监控加工过程中的各项参数和指标，可以及时发现加工异常和质量问题，从而采取相应的措施进行调整和改进，保证加工件的质量达到预期要求。在实时监控加工过程中，关键的参数包括加工速度、切削力、加工温度等。这些参数的变化会直接影响加工件的尺寸精度、表面质量和加工效率。因此，通过实时监控这些参数，可以及时发现加工过程中的异常情况，为质量改进提供数据支持。

除了关键参数的监控外，还可以采用传感器等设备实时监测加工件的尺寸和形状。这种实时尺寸监控系统能够在加工过程中不断采集加工件的尺寸数据，并与设计要求进行比对，及时发现尺寸偏差和变形情况，为调整加工参数和工艺提供依据。

实时监控加工过程的数据可以通过数据采集系统进行收集和分析。数据采集系统能够将加工过程中的各项参数和监测数据实时传输到数据中心，通过数据分析算法进行处理和分析，生成加工过程的实时监控报告和质量分析结果，为质量改进提供科学依据。

在实时监控加工过程的基础上，还可以采用自动化控制系统进行加工参数的实时调整。根据实时监控数据和质量分析结果，自动化控制系统能够实现对加工参数的自动调整，以保证加工过程的稳定性和质量一致性。

实时监控加工过程还可以借助人工智能和大数据分析等技术进行预测性维护。通过对历史数据和实时监控数据的分析，人工智能系统可以预测加工设备的故障和异常，提前进行维护和修复，避免因设备故障而影响加工质量。

在实时监控加工过程的基础上，还需要建立完善的质量管理体系。质量管理体系应包括质量目标、质量标准、质量控制点等内容，确保质量管理工作有章可循、有据可依。要建立健全的质量反馈机制，及时收集和反馈加工过程中的质量问题和改进建议，以持续改进质量管理工作。

除了建立质量管理体系外，还需要加强员工培训和技能提升。员工是质量管理的主体，他们的技术水平和操作技能直接影响加工质量。因此，通过定期培训和技能提升，提高员工的质量意识和技术水平，是确保加工质量稳定的重要手段。

要注重质量监控数据的分析和应用。通过对实时监控数据和质量分析结果的深入分析，可以发现质量问题的根源，并针对性地采取改进措施。要将质量监控数据与生产管理系统相结合，实现生产过程的全面管控和优化，提高生产效率和加工质量。

（二）质量异常处理

建立完善的质量监控体系至关重要。该体系应该包括从原材料采购到成品交付的全过程质量监控，确保每个环节都受到有效的监控和管理。可以采用先进的监测设备和技术，如传感器、实时数据采集系统等，对加工参数、产品尺寸、表面质量等关键指标进行实时监控和记录。

建立质量异常处理流程是保证质量问题能够及时得到解决的重要步骤。质量异常处理流程应该明确各个环节的责任人和处理流程，包括异常发现、异常报告、异常分析、异常原因查找、异常处理和改进措施等。只有建立了规范的处理流程，才能够确保质量异常能够得到及时有效的处理。

建立有效的异常反馈机制也是质量监控与改进的关键。通过及时收集和分析质量异常数据，可以发现潜在的质量问题和生产异常，及时采取纠正措施，防止问题扩大。可以通过客户投诉、内部巡检、不良品处理等方式收集异常数据，建立质量异常数据库，并定期进行分析和评估。

除此之外，加强对人员的培训和教育也是质量监控与改进的关键环节。员工是质量管理的执行者，他们的素质和技能直接影响到产品质量和质量管理效果。因此，需要加强对员工的质量意识培训、技术技能培训等，提高员工的质量意识和操作技能，减少人为因素对质量的影响。

另一方面，建立持续改进机制也是质量监控与改进的重要内容。通过分析质量数据、开展质量改进项目等方式，不断提升质量管理水平和产品质量水平。可以借鉴和应用质量管理工具和方法，如 PDCA 循环、六西格玛、质量功能部署，找到质量问题的根本原因，采取有效的改进措施。

第六章 数控编程技术进阶

第一节 高级数控编程语言应用

一、高级数控编程语言概述

（一）高级数控编程语言的发展历程

数控编程语言的发展历程是一个漫长而复杂的过程，从最初简单的程序指令到如今高度抽象化和灵活化的编程语言。这个过程伴随着技术的不断进步及制造业需求的不断变化。

最早的数控编程语言可以追溯到20世纪50年代。在那个时期，数控机床刚刚开始兴起，人们对加工零件的精度和效率要求不断提高。早期的数控编程语言相对简单，主要依赖于硬件逻辑来执行加工任务。这种编程语言通常是专用的，限制较多且不够灵活。

到了20世纪60年代，数控编程语言逐渐发展出了更高级的特性。标准化的G代码和M代码成为主流，这使得编程语言更加通用，并且能够在不同的数控设备之间互操作。这种标准化的语言极大地促进了数控技术的普及。

20世纪70年代是数控编程语言发展的重要时期。在这个阶段，计算机辅助设计和计算机辅助制造技术开始出现。这些技术为数控编程提供了新的可能性，使得编程更加直观和高效。编程人员可以直接在计算机上设计零件，并将设计数据直接转换为数控程序。

进入 20 世纪 80 年代，数控编程语言迎来了一个新的高峰。计算机技术的进一步发展使得编程语言更加高级和抽象。面向对象编程概念的引入，为数控编程语言带来了更大的灵活性和可扩展性。此时，不仅仅是简单的加工程序，更复杂的逻辑和条件判断也成为可能。

到了 20 世纪 90 年代，数控编程语言开始结合网络技术和互联网。这使得编程语言的应用范围进一步扩大，不仅可以在本地进行编程，还可以通过网络进行远程编程和监控。这种发展极大地提高了生产效率和设备的利用率。

进入 21 世纪，数控编程语言进一步朝着智能化和自动化的方向发展。随着人工智能和机器学习技术的兴起，数控编程语言开始具备自适应和优化的能力。编程人员可以利用这些技术实现更高效、更精确的加工过程。

目前，数控编程语言已经发展出了多样化的语言和工具。除了传统的 G 代码和 M 代码外，还有一些高级编程语言如 Python、Java 等被用于数控编程。这些语言提供了更多的编程接口和库，帮助开发者更好地控制和管理数控设备。

（二）高级数控编程语言在数控加工中的作用

高级数控编程语言在数控加工中的作用是至关重要的。这些编程语言提供了对加工过程的精确控制和复杂操作的能力。通过使用高级语言，程序员可以编写出更高效、更灵活的加工程序，满足各种加工任务的需求。这些语言通常提供更丰富的功能，如循环、子程序和条件语句，从而允许程序员优化加工过程。

高级数控编程语言允许精确控制加工过程。这些语言支持多轴联动，使得复杂形状和曲线的加工成为可能。五轴联动数控机床可以加工出具有复杂曲线和几何形状的工件。这种精确控制使得加工出的零件质量更高，更符合设计要求。

高级数控编程语言可以提高加工效率。这些语言通常支持自动化编程和优化功能，使得程序员可以快速生成高质量的加工程序。通过使用自动化编程工具，程序员可以减少手工编程的时间，从而提高生产效率。这些语言还提供了优化工具，帮助程序员选择最佳的加工路径和工艺参数，从而进一步提高效率。

高级数控编程语言还提供了丰富的编程功能。这些语言支持循环、子程序、条件语句等编程结构，使得程序员可以编写出灵活多变的加工程序。循环结构可以重复执行特定的加工操作，从而提高生产率。子程序和条件语句则允许程序员在加工过程中做出动态调整，适应不同的加工需求。

高级数控编程语言还可以提升加工过程的安全性。这些语言通常提供错误处理和故障诊断功能，帮助程序员识别和解决加工过程中出现的问题。这不仅提高了加工过程的可靠性，还降低了事故风险，保障了操作人员和设备的安全。

高级数控编程语言的另一个优势是其与其他先进技术的集成。这些语言可以与计算机辅助设计和计算机辅助制造软件无缝对接，实现从设计到制造的全流程自动化。这种集成不仅简化了编程过程，还提高了加工效率和产品质量。

从长远来看，高级数控编程语言的应用将继续推动制造业的发展。这些语言的不断创新和改进将带来更多的加工可能性和生产优势。通过不断学习和掌握高级数控编程语言，制造企业可以保持竞争力，并在市场上取得更大的成功。

1. 实现复杂加工路径

数控加工中的高级数控编程语言起着关键的作用，它对复杂加工路径的实现至关重要。现代制造业面临着加工复杂几何形状、提高生产效率和确保高质量加工的挑战。先进的数控编程语言提供了灵活性和精确性，以应对这些挑战。通过自动生成优化的加工路径，制造商能够最大程度地减少生产周期，并提高零件质量。

这种语言使得加工路径的设计更加直观。复杂的几何形状通常需要经过多步骤加工才能成形，尤其是在 3D 空间中。高级数控编程语言通过一系列高级命令和函数，允许程序员定义加工路径的每个细节。这种精确性不仅提高了加工效率，还能减少材料浪费。

高级数控编程语言促进了自动化。随着智能制造的发展，机器的自我调整和反馈变得越来越重要。这种编程语言能够与机器进行实时沟通，监控加工过程中的各个参数，并进行动态调整。这有助于确保加工过程的稳定性和一致性。

高级数控编程语言还支持模块化和可重用性。程序员可以开发通用模块，方便地应用于不同的加工任务。这种方法不仅提高了编程效率，还能减少错误的发生。通过重用已经测试过的模块，可以大幅提高生产的可靠性。

该语言在复杂加工路径中也提供了模拟功能。通过在虚拟环境中模拟加工过程，程序员可以在实际加工前识别潜在问题。这种提前预见问题的能力不仅节省了时间和资源，还降低了可能的加工风险。这种功能特别有助于加工复杂零件，因为错误的加工路径可能导致严重的问题。

更重要的是，高级数控编程语言可以与其他软件工具集成。它们可以与设计和工程软件无缝协作，确保加工路径与设计意图完美匹配。这样的集成提高了设计与加工之间的协同性，为产品开发过程提供了更多的连贯性。

高级数控编程语言在加工监控中也发挥重要作用。它可以通过监控传感器的数据来调整加工参数，确保最终产品的质量。通过实时监控和反馈，程序员可以及时纠正任何潜在问题。这种实时调整有助于确保加工过程的稳定性和精确性。

在复杂加工路径中，高级数控编程语言还支持多轴加工。这种加工方式可以让加工机床在多个轴上同时移动，实现更加复杂的加工路径。这为制造商提供了更大的灵活性和创新机会，以应对各种复杂的加工挑战。

2. 精确控制加工参数

在现代数控加工领域，高级数控编程语言扮演着至关重要的角色。这些编程语言为工程师和技术人员提供了精确控制加工参数的工具，从而提升了加工效率和产品质量。不同于传统的数控编程语言，高级数控编程语言通过提供更丰富的功能和更灵活的操作，为复杂的加工任务提供了更好的解决方案。

高级数控编程语言赋予用户更强大的编程能力。通过使用这些语言，工程师能够在编程中定义复杂的几何图形和加工路径。特别是在加工高精度零件时，这种能力尤为重要。通过自定义加工路径和策略，可以最大程度地减少加工误差，提高成品的精度。

高级数控编程语言提供了强大的模拟和验证功能。在开始实际加工之前，用户可以利用这些功能进行虚拟模拟，预测加工结果。这样可以避免实际加工中的潜在问题，并在加工前做出相应的调整。这种预见性对于节省时间和材料资源至关重要。

高级数控编程语言还支持参数化编程。这意味着用户可以根据不同的加工任务，灵活地调整加工参数。参数化编程不仅可以提高生产效率，还可以使加工过程更具适应性，从而满足不同材料和零件的加工需求。

高级数控编程语言的可扩展性和兼容性使其在各种数控加工环境中都能发挥作用。无论是三轴、四轴还是五轴机床，这些语言都可以提供相应的编程支持。这种灵活性使得高级数控编程语言成为现代制造业中的关键技术。

高级数控编程语言还为用户提供了丰富的数据接口。通过与其他系统的集成，如 CAD 软件和 CAM 软件，用户可以实现从设计到加工的无缝衔接。这种集成性大大提高了加工流程的效率和精确度。

值得一提的是，高级数控编程语言在自动化和智能化加工中也发挥着重要作用。随着工业 4.0 的推进，智能制造逐渐成为趋势。这些编程语言通过支持机器学习和数据分析，助力实现智能加工，提高生产线的自动化水平。

二、高级数控编程语言应用

（一）零件加工编程

零件加工编程在现代制造业中起着关键的作用，高级数控编程语言的应用大大提高了零件加工的效率和精度。通过使用先进的编程语言，制造商能够更好地控制数控设备，实现复杂的加工任务，并满足客户的各种需求。

复杂零件的设计和加工对编程语言提出了更高的要求。高级数控编程语言提供了一种更加直观和易于使用的方式来编写加工程序。编程人员可以借助计算机辅助设计和计算机辅助制造软件，将设计数据直接转换为数控程序，这样可以显著减少编程的复杂性。

现代的数控编程语言支持面向对象编程和模块化编程，这使得程序更加灵活和可读。通过使用函数、类和对象，编程人员能够更好地组织和管理代码，从而提高程序的可维护性。这种结构化编程方式还便于程序的复用和调整。

多轴加工是零件加工中的一项重要技术，高级数控编程语言在这方面发挥了巨大的作用。通过支持多轴运动和同步控制，编程人员能够在一个程序中实现多个轴的协调动作。这不仅提高了加工的效率，还确保了加工过程的准确性。

在零件加工过程中，碰撞和干涉是需要避免的问题。高级数控编程语言提供了模拟和仿真功能，使得编程人员可以在实际加工之前进行虚拟测试。这种功能有助于发现潜在的问题，并在加工开始之前进行调整，避免了昂贵的错误。

高级数控编程语言还支持动态加工参数调整。在加工过程中，编程人员可以根据实际情况动态调整切削速度、进给速度和刀具路径等参数。这种灵活性有助于应对加工中的变化，提高加工效率，并确保加工质量。

数据反馈和监控是现代零件加工中的重要环节。高级数控编程语言支持实时数据采集和监控，编程人员可以随时查看加工进度和设备状态。这种实时监控有助于及时发现问题，并进行相应的调整，确保加工过程的顺利进行。

随着自动化和智能化技术的发展，高级数控编程语言开始融合人工智能和机器学习技术。这些技术可以帮助编程人员更好地优化加工过程，提高加工效率，并减少人工干预。这种智能化的加工方式有助于提高制造业的竞争力。

高级数控编程语言还支持远程编程和监控。通过网络技术，编程人员可以在远离设备的情况下进行编程和监控。这种远程操作不仅提高了工作效率，还提供了更大的灵活性和便利性。

在零件加工编程中，刀具路径优化是一个重要的环节。高级数控编程语言提供了丰富的算法和工具，帮助编程人员找到最优的刀具路径。这种优化可以减少加工时间，延长刀具寿命，并提高加工质量。

随着 3D 打印等新技术的兴起，高级数控编程语言也开始向多样化的加工方式扩展。这些新技术需要新的编程语言和工具，以适应不同材料和加工方式的需求。高级数控编程语言在这一领域的应用为制造业带来了新的机遇和挑战。

（二）复杂曲面加工

复杂曲面加工在现代制造业中扮演着重要角色，而高级数控编程语言的应用在这一领域发挥着至关重要的作用。这些高级编程语言使得复杂曲面加工变得更加精准和高效。通过对这些编程语言的运用，工程师能够更好地掌握加工的每一个细节，确保最终产品的质量。

在复杂曲面加工中，高级数控编程语言提供了多轴联动的支持。这种联动能力是加工复杂曲面不可或缺的，因为它允许数控机床在多个轴上同时运动，从而实现对复杂曲面的精准加工。五轴联动数控机床可以实现更自由的加工路径，使得工件的加工更加灵活、精准。

高级数控编程语言在复杂曲面加工中提供了丰富的编程结构。这些编程结构如循环、条件判断和子程序等，使工程师能够根据加工任务的需求灵活地调整加工过程。通过子程序的运用，工程师可以将复杂曲面加工拆分成更小的部分，从而提高加工效率。

高级数控编程语言还支持复杂曲面加工的模拟和仿真。这种模拟功能允许工程师在实际加工之前先进行虚拟加工，确保加工路径和参数的准确性。这不仅有助于避免加工错误，还能够大幅减少原材料的浪费，提高加工的效率和经济性。

在复杂曲面加工中，高级数控编程语言还与 CAD/CAM 系统紧密结合。

CAD/CAM 系统能够生成复杂曲面的三维模型，并将其转化为数控编程语言能够理解的代码。这种集成使得加工过程更加自动化，提高了设计与制造之间的协同效率。

高级数控编程语言在复杂曲面加工中的应用还体现在其优化功能上。这些语言提供了先进的优化算法，帮助工程师选择最佳的加工路径和加工策略。这种优化不仅能够减少加工时间，还可以降低加工成本，提升生产力。

在复杂曲面加工的质量控制方面，高级数控编程语言也提供了强大的工具。通过在线监测和调整加工参数，工程师能够确保加工质量符合设计要求。这种实时质量控制有助于避免加工偏差，提高产品的一致性。

安全性是复杂曲面加工中不可忽视的一个方面。高级数控编程语言提供了错误处理和故障诊断功能，确保加工过程的安全可靠。这不仅保护了设备和操作人员的安全，还保证了加工任务的顺利进行。

展望高级数控编程语言将在复杂曲面加工中发挥更加重要的作用。随着技术的不断进步，这些语言将变得更加智能化和自动化。工程师可以利用人工智能和机器学习等技术进一步优化复杂曲面加工的过程，提高生产效率和产品质量。

第二节　复杂零件数控编程

一、复杂零件数控编程概述

（一）复杂零件的特点和难点

复杂零件在现代制造业中扮演着重要角色，但它们在设计和加工中也带来了诸多挑战。这类零件往往具有复杂的几何形状，包括曲线、斜面和多轴交叉等。这些特性使得加工路径的规划和实施变得更加困难，因为需要同时考虑多个加工方向和层次。

另一项挑战是高精度的要求。复杂零件通常用于高科技领域，如航空航天、医疗器械和汽车制造等，这些领域对零件的精度和公差要求极高。确保每个部分都能精确地制造出来，不仅需要先进的加工技术，还要求严格的质量控制和检测。

材料的选择和处理也是复杂零件的一个难点。许多复杂零件需要使用特殊材料，如高强度钢、钛合金或复合材料。这些材料不仅加工难度大，而且对加工工具和工艺提出了更高的要求。选择合适的加工条件和工具，确保加工过程中不损坏材料的性能，是一项复杂的任务。

复杂零件的设计也需要高度的创意和创新。设计师必须考虑零件的功能、材料特性和制造可行性。为了确保零件能够在实际应用中发挥作用，设计师需要与工程师和制造人员紧密合作，协调零件的设计和加工流程。

加工复杂零件的成本通常较高。这不仅包括材料和加工工具的费用，还包括设计和测试的投入。由于零件的复杂性，通常需要更多的加工步骤和时间，这进一步增加了生产成本。因此，制造商需要寻找优化加工流程的方法，以降低成本，提高效率。

复杂零件的加工还面临时间限制。随着市场竞争的加剧，制造商需要在尽可能短的时间内生产出高质量的零件。这种紧迫性要求制造商在加工过程中保持高效率，同时确保质量不受影响。这对加工技术和生产管理提出了更高的要求。

复杂零件的生产过程可能涉及多个加工步骤和工艺。这意味着需要协调不同的加工阶段，确保每个步骤都准确执行。这种复杂性容易导致沟通和协调问题，从而影响生产效率和零件质量。

复杂零件的加工还需要处理大量的数据。现代制造业依赖于数据驱动的决策，包括加工参数的选择、质量控制和生产流程的优化。这些数据需要实时监控和分析，以确保加工过程的稳定性和精确性。

加工复杂零件的自动化也是一项挑战。自动化加工系统需要适应多样化的零件设计和加工要求。这要求自动化系统具备高度的灵活性和智能化，以应对不同加工任务的变化。系统的可靠性和稳定性也至关重要。

（二）复杂零件数控编程的基本原则

在数控加工领域，复杂零件的编程需要遵循一系列基本原则。这些原则旨在确保加工过程的高效率和高质量，减少加工中的潜在问题。工程师和技术人员在编写数控程序时应牢记这些原则，以确保零件的精确加工和可重复性。

在复杂零件数控编程中，工程师必须全面理解零件的设计和加工要求。了解零件的几何形状、尺寸、公差和表面质量等参数是编程的前提。这种理解有助于工程师在编写程序时做出正确的加工决策，并选择适当的加工策略。

优化加工路径是数控编程的关键原则之一。工程师应通过精心设计加工路径，减少切削工具的空转时间，提高加工效率。避免不必要的刀具移动和重复加工是实现这一目标的重要手段。这种优化不仅可以提高生产率，还能减少机床的磨损和维护成本。

选择合适的切削参数对于复杂零件的数控编程至关重要。这包括选择合适的切削速度、进给率和切深等参数。这些参数应根据加工材料、零件几何形状和机床性能等因素进行调整。合理的切削参数可以提高加工质量，并延长刀具和机床的使用寿命。

编程时应注重刀具的选择和管理。不同的加工任务需要不同类型的刀具，工程师应根据加工要求选择最合适的刀具。定期检查和维护刀具可以确保加工过程的稳定性和精确性。刀具的有效管理有助于提高加工效率和降低生产成本。

数控编程应注重安全性和可操作性。在编写程序时，工程师应确保加工过程的安全，避免因编程错误导致的事故。程序应具备一定的可读性和易操作性，方便技术人员理解和修改。这有助于确保加工的顺利进行。

复杂零件的数控编程还应考虑加工过程的监控和反馈。通过实时监控加工过程，工程师可以及时发现和解决潜在问题。这种反馈机制有助于确保零件加工的准确性和稳定性。通过数据分析，工程师可以持续改进加工流程。

另一个重要原则是充分利用先进的数控技术和软件工具。现代数控编程软件提供了丰富的功能，如模拟加工、误差校正和自动优化等。这些功能有助于工程师在编程过程中做出更好的决策，提升加工质量和效率。

工程师应重视编程的创新和灵活性。复杂零件的加工通常需要独特的解决方案，工程师应通过创新思维，开发出最优的加工策略。灵活调整加工参数和路径，以适应不同的加工条件和要求。

1. 精确理解零件几何特征

在现代制造业中，精确理解零件的几何特征是进行复杂零件数控编程的基础。通过全面了解零件的形状、尺寸和公差要求，编程人员可以制定出精确的加工计划，确保零件的质量和一致性。

正确理解零件的几何特征意味着编程人员需要详细分析零件的设计图纸和规格书。这包括了解零件的尺寸、形状、表面特征和材料属性。还需要关注零件的功能要求，以确保加工后的零件能够满足预期的用途。

在复杂零件数控编程中，合理规划刀具路径是关键的一环。编程人员需要根据零件的几何特征和加工要求，确定最佳的刀具路径。这有助于最大程度地利用材料，提高加工效率，并避免不必要的刀具磨损。

在编程过程中，编程人员应根据零件的复杂性和几何特征选择合适的加工策略。对于具有复杂曲面的零件，可以使用多轴加工来实现高精度的加工。选择合适的刀具和切削参数也是确保加工质量的重要环节。

数控编程中的模拟和仿真功能有助于提前发现潜在问题。通过在虚拟环境中模拟加工过程，编程人员可以观察刀具路径和零件加工情况，进而调整编程策略。这种方法有助于避免加工中的碰撞和干涉问题。

公差和尺寸精度是零件加工中的重要指标。编程人员需要在编程时考虑零件的公差要求，并制定出满足这些要求的加工计划。这可能包括选择合适的加工工艺和检测方法，以确保零件的精度和质量。

在数控加工过程中，夹具和工装的设计也至关重要。通过合理设计夹具，编程人员可以确保零件在加工过程中的稳定性和安全性。合适的夹具还可以提高加工效率，减少加工中的误差。

复杂零件数控编程中的动态调整是一个重要的原则。加工过程中可能会出现各种变化，如材料属性的变化或刀具磨损等。编程人员需要灵活应对这些变化，并及时调整加工参数，确保加工过程的顺利进行。

编程人员需要始终关注加工的安全性。确保加工过程中人员和设备的安全是首要任务。这包括使用安全的加工策略和刀具选择，以及遵循安全操作规程。

在复杂零件数控编程中，数据反馈和监控是不可或缺的。通过实时监控加工过程，编程人员可以及时发现问题，并进行相应的调整。这种数据反馈有助于确保加工的精度和效率。

2. 合理规划加工路径

合理规划加工路径和复杂零件数控编程的基本原则在现代制造业中至关重要。这些原则有助于优化加工过程，确保零件的高精度和高质量。工程师在进行复杂零件数控编程时，需要考虑多方面的因素来制定合理的加工路径。

合理规划加工路径的一个基本原则是避免干涉和碰撞。工程师应确保加工工具与工件、装夹装置和其他设备之间的安全距离，避免在加工过程中发生意外碰撞。

这一原则对于保持加工过程的安全性和可靠性至关重要。

在规划加工路径时，工程师需要确保加工顺序的合理性。这意味着在加工过程中要遵循从粗到精的原则，先进行粗加工，去除大部分材料，再进行精加工。这一原则不仅可以减少加工时间，还能提高加工精度和表面质量。

保持加工路径的连续性和流畅性是另一个基本原则。连续的加工路径可以减少工具的空切时间，提高加工效率。流畅的路径有助于降低加工过程中工具和设备的负担，延长其使用寿命。

复杂零件数控编程中还需要注重工艺参数的选择。工程师应根据材料特性、加工条件和设计要求选择合适的切削速度、进给量和切深等参数。这些参数的合理选择直接影响加工质量和效率。

在数控编程中，子程序的应用是优化加工路径的有效方法。工程师可以将重复的加工步骤封装成子程序，提高编程的灵活性和可读性。这也有助于减少程序的长度和复杂度，提高编程效率。

另一个重要的原则是加工路径的优化。通过优化算法，工程师可以找到最短、最有效的加工路径。这种优化不仅可以减少加工时间，还能降低材料和能源的消耗，提高整体生产效率。

在复杂零件数控编程中，工程师应注重加工过程的监控和调整。通过实时监控加工进程，可以及时发现和解决问题，确保加工质量。这种监控也有助于避免加工误差，提高产品的一致性。

安全性在数控编程中至关重要。工程师应确保加工过程的安全可靠，避免事故的发生。这包括确保程序代码的正确性、加工路径的安全性以及设备的正常运行。

在规划加工路径时，工程师应充分利用 CAD/CAM 系统。这些系统可以生成复杂零件的三维模型，并将其转化为数控程序。这种集成简化了编程过程，提高了设计和制造的协同性。

二、复杂零件数控编程实践

（一）几何特征分析与加工路径规划

几何特征分析是复杂零件数控编程实践的关键环节。在加工之前，对零件的几何特征进行深入分析有助于理解其形状和尺寸要求。通过计算机辅助设计工具，工程师可以详细描述零件的几何形状，包括曲线、平面和立体等不同特征。这样的分析为后续的加工路径规划提供了重要的基础。

零件的几何特征决定了加工路径的选择。不同特征需要不同的加工方法，例如平面、圆弧和复杂曲面。通过识别零件的几何特征，数控编程人员可以选择合适的加工策略，以实现高效、精准的加工。对零件的特征进行详细分类也是关键一步。

加工路径规划依赖于零件的几何分析结果。根据几何特征，可以确定最优的加工顺序和路径，以最大程度地减少加工时间和工具更换次数。首先加工较简单的特征，然后逐渐过渡到复杂的部分。这样可以提高生产效率，减少加工成本。

零件的几何特征还影响加工工具的选择。不同特征需要不同类型的刀具和切削参数。曲线和斜面可能需要采用球头铣刀或成型铣刀才能实现最佳加工效果。选择合适的工具和加工参数是确保零件质量的重要一步。

加工路径规划需要考虑零件的材料特性。不同材料对加工路径和工艺提出不同要求，例如硬度、韧性和耐热性等。通过结合材料和几何特征，数控编程人员可以制定出最优的加工路径，以减少对材料性能的损害。

复杂零件的加工路径规划还需考虑夹具和固定方式。这些因素直接影响加工过程中的稳定性和精度。通过合理设计夹具和固定装置，可以确保零件在加工过程中保持稳定，不产生位移或变形。这对加工路径的精准执行至关重要。

模拟加工过程是规划加工路径的重要工具。通过数控模拟软件，数控编程人员可以在虚拟环境中测试加工路径。这种模拟可以帮助识别潜在问题，如碰撞、过切或未加工到的区域。提前解决这些问题有助于避免实际加工中的意外和浪费。

加工路径规划还需考虑加工策略的优化。通过优化加工顺序和路径，可以最大程度地减少加工时间和成本。选择最短路径或平行加工路线可以提高加工效率。优化加工策略需要结合零件的几何特征和加工要求。

数控编程实践中，工具路径的平滑性和连续性也非常重要。加工路径的过度变化可能导致零件表面质量下降或加工中断。通过平滑加工路径的过渡，数控编程人员可以确保加工过程的连续性和稳定性，最终提高零件的加工质量。

加工路径规划还需考虑加工过程中的冷却和润滑。合理使用冷却液和润滑剂可以降低加工过程中的温度和摩擦，延长工具的使用寿命。数控编程人员需要在加工路径规划中充分考虑冷却和润滑的布局，以确保加工过程的顺利进行。

（二）刀具轨迹优化与参数设定

复杂零件的数控编程实践需要综合考虑刀具轨迹优化与参数设定。这两者在加工过程中起着至关重要的作用，直接影响到加工质量和效率。通过正确应用这些技巧，工程师可以确保复杂零件的高精度加工，并有效地利用资源。

在编程过程中，首先要考虑刀具轨迹的优化。工程师需要设计合理的刀具路径，以避免不必要的移动和重复加工。通过分析零件的几何形状和加工需求，工程师可以确定最佳的加工顺序和路径。这不仅可以减少加工时间，还可以提升加工质量，避免加工中的误差。

工程师应关注刀具轨迹的连续性。为了确保加工过程的平稳和无缝衔接，刀具轨迹应尽可能流畅。过于急剧的轨迹转弯或路径改变可能导致加工误差，甚至引起机床振动。因此，设计时应避免突然的方向改变，尽量保持轨迹的平滑。

参数设定是复杂零件数控编程实践中的另一关键环节。切削速度、进给率和切深等参数应根据加工材料、零件形状和机床性能等因素进行精心调整。选择适当的切削参数有助于提高加工质量，减少刀具磨损，并确保加工过程的稳定。

工程师需要考虑刀具的选择和管理。不同的加工任务需要不同类型的刀具，正确选择刀具至关重要。定期检查和维护刀具可以确保加工过程的精确性和可靠性。这种管理有助于延长刀具的使用寿命，并提高加工效率。

为确保加工的精度和稳定性，工程师应运用先进的编程技术和软件工具。这些工具可以提供加工路径的模拟和优化功能，帮助工程师预测和解决潜在问题。通过模拟加工，工程师可以提前发现加工中的冲突，避免实际加工中的错误。

在编程实践中，工程师应保持灵活性和创新思维。复杂零件的加工通常需要定制化的解决方案，工程师可以通过尝试不同的加工策略和参数设定，找到最优的方案。通过持续的反馈和调整，工程师可以改进加工流程，提高产品质量。

实时监控加工过程也是数控编程实践的重要部分。通过监控加工中的数据和状态，工程师可以及时发现和解决问题。这种反馈机制不仅确保了加工的准确性，还能帮助工程师调整参数和轨迹，提高加工的可靠性。

工程师应重视团队协作和知识共享。通过与其他技术人员的沟通和协作，工程师可以借鉴他人的经验和观点，找到更好的加工方案。定期培训和学习新技术也是保持数控编程实践高水平的关键。

第三节　数控编程技巧与经验

一、数控编程技巧

（一）加工路径优化技巧

加工路径优化是数控编程中至关重要的一部分，它对加工效率、精度和成本产生直接影响。掌握加工路径优化技巧，可以帮助编程人员制订更高效、更精确的加工计划，确保零件加工的质量和一致性。

了解零件的几何特征和加工要求是优化加工路径的前提。通过详细分析零件的设计图纸和规格书，编程人员可以确定零件的形状、尺寸和表面特征，从而选择合适的加工策略和刀具路径。

选择合适的切削工具和参数是优化加工路径的重要技巧之一。根据零件材料和加工工艺，编程人员需要选择适合的刀具类型、尺寸和材质。切削速度、进给速度和切削深度等参数的选择也需要与零件的材料和加工要求相匹配。

利用 CAD/CAM 软件进行加工路径规划是数控编程中的一种常见做法。这些软件可以根据零件的设计数据自动生成最优的加工路径，包括粗加工和精加工阶段。这种自动化的方法可以显著提高编程效率，并减少人为错误。

在加工路径规划中，避免过多的切削和空刀行程是关键。通过合理安排刀具路径，编程人员可以减少材料的浪费和加工时间。这不仅提高了加工效率，还减少了刀具的磨损和损耗。

分层加工是优化加工路径的一种有效策略。对于复杂零件，可以通过分层加工的方式逐层去除材料。这种方法有助于避免一次性去除过多材料导致的加工误差，并提高加工精度。

模拟和仿真功能在加工路径优化中发挥着重要作用。在实际加工之前，编程人员可以利用模拟和仿真工具对加工路径进行虚拟测试。这有助于提前发现潜在问题，并进行相应的调整，确保加工过程的顺利进行。

实时监控加工过程是加工路径优化的另一项重要技巧。通过实时数据采集和监控，编程人员可以及时了解加工进度和设备状态。这种监控有助于及时发现问题，并进行相应的调整，提高加工质量和效率。

动态调整加工路径是应对加工过程变化的有效策略。在加工过程中，材料属性和工艺条件可能发生变化。编程人员可以根据实际情况动态调整加工路径，以确保加工过程的稳定性和精度。

利用多轴加工技术是优化加工路径的先进技巧。多轴加工可以实现更复杂的刀具运动，满足零件加工的多样化需求。通过合理利用多轴加工，编程人员可以缩短加工时间，提高加工质量。

注重加工安全性是优化加工路径的基本原则之一。编程人员需要确保加工过程中的人员和设备安全。这包括选择合适的加工策略和刀具，以及遵循安全操作规程。

（二）切削参数优化技巧

切削参数优化和数控编程技巧在现代制造业中发挥着重要作用。这些技巧可以帮助工程师提高加工效率，减少生产成本，并确保产品质量。通过对切削参数的优化和编程技巧的掌握，工程师可以应对各种复杂加工任务。

在优化切削参数时，首先应考虑材料特性。不同材料具有不同的物理和化学特性，因此切削参数也应根据材料的性质进行调整。较硬的材料需要较低的切削速度和较小的进给量，而较软的材料则可以采用较高的切削速度和进给量。

切削参数的选择应考虑加工工艺的类型。不同的加工工艺，如铣削、车削、钻孔等，对切削参数的要求不同。铣削过程需要考虑刀具的直径和转速，而车削过程则关注切削深度和进给量。根据不同的加工工艺选择合适的切削参数，可以提高加工效率和质量。

切削参数的优化还需要考虑刀具的特性。刀具的材料、几何形状和涂层对切削性能有重要影响。工程师应根据刀具的特性选择适当的切削速度和进给量，以确保刀具的使用寿命和加工质量。

在数控编程中，循环结构是一个常用的技巧。通过使用循环，工程师可以重复执行特定的加工操作，提高生产效率。在铣削过程中，循环结构可以用于加工多个相同的特征，减少编程的复杂性。

子程序的应用也是数控编程中的重要技巧。工程师可以将复杂零件的加工任务分解为多个子程序，提高程序的可读性和灵活性。子程序的重复使用还可以减少代码长度，提高编程效率。

条件判断是数控编程中的另一个技巧。通过在程序中加入条件语句，工程师可以根据加工条件的变化做出动态调整。在加工过程中，如果检测到刀具磨损过大，可以自动停止加工并更换刀具。

切削参数的优化还涉及加工路径的选择。通过选择最短、最有效的加工路径，可以减少加工时间和材料浪费。优化加工路径还有助于减少加工过程中工具和设备的负担，提高生产效率。

在数控编程中，实时监控和调整是提高加工质量的关键。通过监控加工过程中的参数，如切削力、温度和振动等，工程师可以及时发现和解决问题，确保加工过程的稳定性和质量。

数控编程技巧的一个重要方面是与 CAD/CAM 系统的集成。CAD/CAM 系统可以生成零件的三维模型，并将其转化为数控程序。这种集成简化了编程过程，提高了设计与制造之间的协同性。

1. 切削速度与进给速度的选择

切削速度与进给速度的选择是数控加工中至关重要的部分，合理的切削参数可以提高加工效率和零件质量。切削速度通常由加工材料的特性和刀具材料决定。较软的材料可以使用较高的切削速度，而较硬的材料则需要降低切削速度以避免过度磨损或热量堆积。

进给速度与切削速度相辅相成。选择合适的进给速度能够确保加工效率和表面质量之间的平衡。对于较精密的加工任务，进给速度通常较低，以确保零件表面光洁度。对于加工时间较长的任务，进给速度较高可以缩短生产周期。

加工过程中，切削速度和进给速度的组合应与刀具类型相匹配。不同的刀具适用于不同的速度范围。高速钢刀具适用于中等速度，而硬质合金刀具则可以在更高的速度下工作。确保刀具在合适的速度范围内工作，有助于延长其使用寿命。

加工材料的硬度和韧性对切削参数的选择有显著影响。对于高硬度材料，如钢或钛合金，较低的切削速度和进给速度通常是最佳选择。这有助于减少刀具磨损和加工中的热量积聚。相反，较软的材料，如铝合金，允许较高的切削和进给速度。

选择合适的切削参数还需考虑零件的几何形状。复杂的几何形状可能需要不同的速度和进给策略，以确保加工的稳定性和一致性。通过优化加工路径和参数，可以最大程度地减少加工时间，同时确保零件的精度和质量。

加工过程中的冷却和润滑也影响切削参数的选择。适当使用冷却液或润滑剂可以降低加工过程中的摩擦和热量积累。这对刀具和材料的性能都有积极影响。根据加工任务的具体要求，选择合适的冷却和润滑策略非常重要。

在选择切削速度和进给速度时，需要考虑加工设备的性能和限制。不同的机床有不同的速度范围和精度要求。确保加工参数在设备的设计范围内可以有效避免设备的过度磨损或损坏。机床的稳定性和精度也是选择切削参数的关键因素。

切削参数的选择还应结合实际加工经验和反馈。在实际加工过程中，根据零件质量和刀具磨损情况，及时调整切削速度和进给速度。通过不断优化参数，可以提高加工效率和零件质量，为未来的加工任务积累宝贵经验。

加工环境的温度和湿度对切削参数也有影响。高温和高湿度可能导致材料和刀具的性能变化。因此，在选择切削参数时，需要考虑环境因素的影响，并采取相应措施确保加工过程的稳定性和一致性。

2. 切削深度与切削宽度的控制

在数控加工中，切削深度与切削宽度的控制是切削参数优化的关键。正确设置这些参数不仅可以提高加工质量和效率，还能延长刀具和机床的使用寿命。通过掌握切削深度和切削宽度的优化技巧，工程师可以实现更加精确和高效的加工。

切削深度是指每次切削过程中刀具进入材料的垂直深度。选择适当的切削深度可以提高加工效率，但过大的切削深度可能导致加工误差和刀具磨损。因此，工程师应根据材料特性、刀具规格和机床性能等因素，确定最合适的切削深度。

为了确保加工过程的稳定性，工程师应避免一次性切削过深。这不仅会增加刀具和机床的负荷，还可能导致加工精度的下降。相反，采用多次切削的方法，每次切削一个较小的深度，可以提高加工的稳定性和精度。

切削宽度是指刀具在每次切削过程中与材料接触的横向宽度。合理控制切削宽度可以确保加工的均匀性和精度。过大的切削宽度可能导致刀具负载过重，增加机床的磨损；而过小的切削宽度可能降低加工效率。

在选择切削宽度时，工程师应考虑零件的形状和加工要求。对于复杂零件或需要高精度的加工，适当缩小切削宽度可以提高加工质量。应根据刀具和材料的特性进行调整，确保加工过程的稳定和安全。

优化切削深度和切削宽度需要综合考虑加工材料的特性。不同的材料对切削参数的要求不同，例如硬度、韧性和导热性能等。工程师应根据材料的特点选择合适的参数，以确保加工质量和效率。

实时监控加工过程是优化切削参数的重要手段。通过监控切削过程中刀具的状态和负载，工程师可以及时调整切削深度和宽度。这种反馈机制有助于避免加工中的问题，确保加工过程的稳定性。

在切削参数优化中，刀具的选择和管理也起着关键作用。不同类型的刀具适用于不同的加工任务。选择合适的刀具可以提高加工效率和质量。定期检查和维护刀具有助于延长刀具的使用寿命。

先进的数控编程技术和软件工具可以为工程师提供切削参数优化的帮助。通过模拟加工和数据分析，工程师可以预测和调整切削参数，以达到最佳的加工效果。这些工具有助于提高加工的准确性和稳定性。

团队协作和知识共享是切削参数优化的另一关键因素。通过与其他技术人员的沟通和合作，工程师可以借鉴他人的经验，找到更好的切削参数优化方案。定期培训和学习新技术有助于工程师保持专业水平。

二、数控编程经验

（一）典型零件加工经验分享

数控编程是制造业中至关重要的技能，典型零件加工的经验分享可以帮助编程人员提高效率和精度。通过借鉴其他编程人员的成功经验和技巧，新手和经验丰富的人员都能在实际工作中取得更好的效果。

在数控编程中，了解零件设计和加工要求是最基本的步骤之一。编程人员需要仔细分析零件图纸和规格书，以确定零件的几何特征、尺寸和公差要求。这为后续的编程工作奠定了基础。

选择合适的切削工具和加工工艺对零件加工至关重要。编程人员应根据零件材料和形状，选择最合适的刀具类型、材质和尺寸。合理设置切削参数，如切削速度、进给速度和切削深度，可以提高加工质量。

提前规划加工顺序有助于提高加工效率。通过确定零件的粗加工和精加工阶段，以及各个步骤的顺序，编程人员可以最大程度地减少加工时间和材料浪费。这种规划还可以帮助避免加工中的碰撞和干涉。

注重刀具路径优化是数控编程中的关键技巧之一。合理安排刀具路径，可以减少加工时间，提高加工精度。优化刀具路径还可以减少空刀行程，延长刀具寿命。

利用 CAD/CAM 软件进行编程是现代数控加工中的常见做法。这些软件可以根据零件设计数据自动生成加工路径，省去了手动编程的时间和精力。这种自动化的方法还可以提高加工的准确性。

模拟和仿真功能在数控编程中发挥着重要作用。在实际加工之前，编程人员可以通过模拟和仿真工具预先测试加工方案。这有助于提前发现潜在问题，并在加工开始之前进行调整，避免加工中的错误。

实时监控加工过程是确保加工质量和效率的重要环节。通过实时数据采集和监控，编程人员可以及时了解加工进度和设备状态。这种监控有助于及时发现问题，并进行相应的调整。

动态调整加工参数是应对加工过程中变化的有效策略。在加工过程中，材料属性和工艺条件可能会发生变化。编程人员需要根据实际情况灵活调整切削参数和加工策略。

注重加工安全性是数控编程中的基本原则。编程人员需要确保加工过程中的人员和设备安全。这包括选择合适的加工策略和刀具，遵循安全操作规程，并确保加工环境的安全性。

借鉴他人经验是提高数控编程技能的重要途径之一。通过与其他编程人员交流经验，或者参加培训和研讨会，编程人员可以学习到最新的技术和技巧。保持学习和进步的态度对编程人员的职业发展至关重要。

（二）故障排除与应对经验

在数控编程领域，故障排除与应对经验是确保加工过程顺利进行和产品质量的重要方面。工程师需要掌握这些经验来应对各种加工中可能出现的问题，从而保证生产效率和产品质量。

工程师需要了解数控机床的各个部件及其工作原理。通过对机床的深入了解，工程师可以更好地识别和排除故障。了解刀库的工作方式和刀具的装卸流程，可以帮助工程师快速解决刀库卡机的问题。

当加工过程中出现异常时，工程师应该立即停止加工并进行检查。通过观察加工过程中的警告信息和错误代码，工程师可以快速确定故障的原因。切削力过大或加工温度过高可能导致加工质量下降，这时需要调整切削参数或更换刀具。

实时监控加工过程是预防故障的有效方法之一。通过监控切削力、振动和温度参数，工程师可以及时发现潜在的问题并进行调整。切削力过大可能导致刀具磨损过快，而振动过大则可能导致加工质量不稳定。

在处理数控编程故障时，工程师应采取系统的排查方法。从加工程序入手，检查代码是否存在语法错误或逻辑错误。检查刀具、夹具和工件的装夹是否正确。检查数控机床的各项设置和参数是否符合要求。

子程序和条件判断是数控编程中常用的技巧，可以帮助工程师快速识别和解决故障。通过在程序中加入条件语句，可以在检测到刀具磨损或切削力异常时自动停止加工，避免加工质量下降。

工程师还可以利用模拟和仿真工具进行加工前的预演。通过模拟加工过程，工程师可以提前发现可能出现的问题，并进行调整。这种方法不仅可以避免实际加工中的故障，还能提高生产效率。

在处理数控编程故障时，经验丰富的工程师通常可以通过观察加工过程中的细微变化来判断问题的根源。加工声音的变化可能表明刀具磨损过快，而加工表面的质量变化可能表明切削参数需要调整。

安全性在故障排除中至关重要。工程师应确保在排除故障时采取必要的安全措施，避免对设备和人员造成伤害。在更换刀具或调整机床设置时，应确保机床处于停止状态。

通过不断积累经验和学习新的技术，工程师可以提高数控编程故障排除的能力。参加专业培训、阅读技术文献和与其他工程师交流都是获取新经验的有效途径。

第七章 数控加工系统集成与优化

第一节　数控加工系统集成原理

一、数控加工系统集成概述

（一）数控加工系统组成要素

数控加工系统是现代制造业中不可或缺的一部分，由多个要素组成，确保精确、高效的加工流程。数控加工机床是系统的核心部分。这些机床包括各种类型的加工设备，如数控车床、数控铣床和加工中心。它们具备多轴运动能力，可以实现复杂零件的加工。

数控控制器是加工系统的“大脑”。它负责接收加工程序，并控制机床的动作。先进的数控控制器还具备自诊断和监控功能，能够及时发现和纠正加工中的问题。控制器的性能直接影响加工精度和效率。

加工系统还需要数控编程工具来生成加工程序。数控编程工具通常基于计算机辅助设计和计算机辅助制造软件。编程工具能够根据零件的设计模型生成相应的加工路径和指令。这些工具在加工系统中起到桥梁作用，将设计转化为加工指令。

刀具和工装是数控加工系统中不可忽视的要素。刀具的质量和性能直接影响加工效果，不同材料和零件需要不同类型的刀具。工装则包括各种夹具和固定装置，确保零件在加工过程中的稳定性和精度。合理选择刀具和工装是保证加工质量的重要环节。

冷却和润滑系统在数控加工系统中起着关键作用。冷却液和润滑剂不仅可以降低加工过程中的温度和摩擦，还能帮助清除加工废料。这有助于延长刀具和设备的寿命，同时确保加工过程的稳定性和安全性。

传感器和测量设备是数控加工系统中的辅助要素。它们用于实时监控加工过程中的关键参数，如力、振动和温度。通过数据反馈，数控系统可以动态调整加工参数，确保加工的精度和质量。测量设备也可以用于加工后的质量检查。

数控加工系统的电气和电子组件也至关重要。这些组件包括电机、驱动器、开关和电源等。它们为机床的运动提供动力和控制，确保加工过程的准确性和稳定性。电气和电子系统的可靠性直接影响加工系统的整体性能。

加工系统中的通信和网络连接使得信息传输更加便捷。通过网络连接，数控系统可以与其他设备和系统进行数据交换。这为制造业的自动化和智能化提供了基础，使得加工过程更加高效和灵活。

安全保护系统是数控加工系统的另一重要组成部分。这包括各种安全装置，如急停按钮、保护罩和安全门。安全保护系统的设计和维护对于操作人员的安全至关重要。它们能够在出现紧急情况时立即停止加工过程，保护人员和设备的安全。

（二）数控加工系统集成原理

数控加工系统的集成原理是将不同的数控加工模块和技术结合在一起，以实现高效、精确的加工过程。这种集成包括软硬件的结合，以及数据流和信息流的顺畅连接。通过系统集成，制造业能够提升生产效率，降低成本，并实现更加智能化和自动化的生产流程。

数控加工系统的集成首先依赖于对机床和加工设备的标准化。这意味着不同品牌和型号的机床应具备兼容的通信协议和数据接口。通过这种标准化，系统可以实现机床之间的数据交换和协同工作，从而提高生产线的效率。

为了实现加工过程的无缝衔接，数控加工系统集成应注重数据流的管理。加工过程中的数据，包括设计图纸、加工参数和反馈信息等，应通过数据总线或网络进行传输。这种数据流的畅通确保了各个加工环节的信息共享和协调。

集成原理还强调软硬件的协调工作。数控加工系统中的软件模块，如编程软件、模拟软件和监控软件等，应与机床硬件紧密结合。通过软件与硬件的协同，系统可以实现自动化加工和实时监控，从而提高加工的稳定性和精确度。

自动化是数控加工系统集成的一个重要目标。通过将机器人、自动化装置和数控机床集成在一起，系统可以实现自动化的零件搬运、装卸和加工。这种自动化生产线提高了生产效率，减少了人工干预的需求。

数控加工系统的集成还应重视与其他制造系统的互联。通过与企业资源计划（ERP）系统和制造执行系统（MES）等的集成，数控加工系统可以实现从订单接收到生产计划再到生产执行的全流程管理。这种集成确保了生产过程的高效和可追溯性。

实时监控和反馈是数控加工系统集成的关键部分。通过传感器和监控设备，系统可以实时监测加工过程中的各项参数和状态。这些数据可以被用来调整加工参数，确保加工质量，并避免加工中的错误。

随着工业 4.0 的发展，物联网技术在数控加工系统集成中发挥着重要作用。通过将数控加工系统与物联网设备相连接，制造业可以实现设备的远程监控和维护。这种互联性提高了系统的灵活性和可扩展性。

安全性和可靠性是数控加工系统集成必须关注的方面。系统应具备安全保护措施，防止因数据泄露或系统故障导致的生产中断。系统的稳定性和可靠性是实现高质量生产的基础。

为了实现高效的系统集成，团队协作和知识共享至关重要。技术人员应保持开放的沟通和合作，以确保系统的各个部分能够协调工作。定期培训和学习新技术有助于保持系统的高水平。

1. 统一通信协议

统一通信协议和数控加工系统集成原理是现代制造业中的重要主题。通过了解这些概念，工程师和技术人员可以实现更高效、互联互通的加工系统，提高生产效率和质量。

统一通信协议在数控加工系统集成中起着关键作用。通过使用标准化的通信协议，数控设备可以与其他设备和系统进行数据交换。这种互联互通的特性有助于实现加工系统的集成和自动化。

使用通用的通信协议，例如 Ethernet、PROFINET 或 MODBUS，可以确保不同品牌和型号的数控设备之间的兼容性。这种标准化的通信方式使得设备之间的信息传输更加顺畅，方便了数据共享和设备协调。

在数控加工系统集成中，实时数据传输是至关重要的。统一通信协议可以确保加工过程中关键数据的及时传输和处理。这些数据包括设备状态、加工进度、刀具位置等信息，为监控和调整加工过程提供了重要参考。

通过统一通信协议，数控加工系统可以与上位机和云平台进行连接。这种连接有助于实现加工过程的实时监控和数据分析，为设备维护和工艺优化提供数据支持。还可以实现远程编程和监控，提高生产效率。

集成式数控加工系统可以通过统一通信协议实现设备之间的同步控制。在多机床或多轴加工场景中，设备之间的协同动作对加工质量和效率至关重要。统一通信协议确保了这些设备之间的协调和同步。

在系统集成中，数据安全和可靠性是需要关注的问题。统一通信协议应确保数据传输的安全性，防止数据泄露和篡改。还需要确保数据传输的稳定性和可靠性，避免加工过程中的数据丢失。

通过统一通信协议，可以实现数控加工系统与其他制造系统的集成。数控加工系统可以与仓储系统、物流系统和质量检测系统进行数据交互。这种系统集成可以提高制造流程的整体效率。

利用统一通信协议，数控加工系统还可以与生产计划和调度系统进行集成。这种集成有助于优化生产计划，实现按需加工和库存管理，提高生产线的灵活性和响应能力。

统一通信协议为数控加工系统的扩展和升级提供了便利。通过使用标准化的协议，工程师可以方便地添加或替换设备，实现系统的扩展。这种灵活性有助于应对制造业不断变化的需求。

2. 数据传输与共享

数据传输与共享是数控加工系统集成的关键环节之一，这一过程能够提高生产效率，减少人工操作的需求，提升制造业的智能化水平。通过数据传输与共享，工程师可以更好地协调设计、制造和管理环节，确保整个生产流程的顺畅运行。

在数控加工系统中，数据传输通常包括工件的设计数据、加工程序和加工参数等信息。设计数据通常是由 CAD 软件生成的零件三维模型，这些数据需要传输到 CAM 软件进行加工程序的生成。加工程序的生成通常包括加工路径、切削参数和加工顺序等信息。

通过数据传输与共享，设计和制造之间的协同得到加强。设计数据的传输确保了加工程序的准确性和一致性，而加工参数的传输则确保了不同加工任务之间的标准化。这种协同不仅提高了生产效率，还确保了产品质量的稳定性。

数据传输与共享的一个重要方面是通信协议和标准的统一。这些协议和标准确保了不同系统之间的数据交换和集成。ISO 14649（STEP-NC）是一种用于数控加工系统的数据交换标准，它确保了不同数控机床和软件之间的数据兼容性。

在数控加工系统集成中，实时数据传输与共享起到了重要作用。通过实时监控加工过程中的数据，如切削力、振动和温度等参数，工程师可以及时调整加工参数，确保加工质量和效率。这种实时数据传输还可以帮助工程师发现潜在的问题，避免加工事故。

数控加工系统中的数据传输与共享还涉及到数据安全和隐私保护。由于制造业中的数据通常具有较高的商业价值，工程师需要确保数据在传输和存储过程中得到充分的保护。通过加密技术和访问控制，工程师可以防止数据泄露和未经授权的访问。

在系统集成中，工程师应关注数据传输的稳定性和可靠性。通过选择高质量的网络设备和通信协议，工程师可以确保数据传输的快速和稳定。数据传输中的错误校验和纠错机制也有助于提高数据传输的可靠性。

数据共享在数控加工系统集成中还体现在不同部门和团队之间的合作。设计部门可以与制造部门共享零件设计数据，而质量控制部门可以与生产部门共享检测数据。这种数据共享有助于提高各部门之间的协同效率，确保产品质量。

通过数据传输与共享，工程师还可以实现数控加工系统与其他系统的集成。数控加工系统可以与生产管理系统和库存管理系统集成，实现生产流程的全面监控和优化。这种集成有助于提高生产效率和资源利用率。

数据传输与共享将在数控加工系统集成中发挥更重要的作用。随着物联网和人工智能等技术的发展，工程师将能够实现更智能化的数据传输和共享。这将进一步提高数控加工系统的效率和灵活性，为制造业带来更多的发展机会。

二、数控加工系统硬件集成实践

（一）数控机床与控制系统的配套选择

数控机床与控制系统的配套选择在现代制造业中至关重要。机床类型和加工要求是选择控制系统的主要依据。不同类型的数控机床，如车床、铣床和加工中心，具有不同的加工特性。控制系统需要与机床的功能相匹配，以实现高效、精确的加工。

控制系统的性能和功能是考虑的关键因素。现代数控控制系统具备多种先进功能，如多轴联动、刀具补偿和加工模拟。根据加工任务的复杂程度，选择适合的控制系统能够提高加工效率和质量。控制系统的响应速度和稳定性也直接影响加工效果。

数控控制系统与机床的通信接口和兼容性是另一个重要方面。确保控制系统能够与机床的各种组件，如电机和传感器，进行无缝通信。兼容性问题可能导致系统故障或加工中断，因此在选择时应特别注意。

根据加工任务的规模和复杂程度，选择控制系统的灵活性和可扩展性至关重要。先进的控制系统可以通过模块化设计进行扩展，满足不断变化的生产需求。这种灵活性有助于提高系统的适应性和生产力。

数控控制系统与软件工具的集成度也是一个关键考虑因素。现代控制系统通常与计算机辅助设计和计算机辅助制造软件紧密集成。这样的集成使得加工路径的生成和传输更加便捷，提高了加工过程的连贯性和效率。

在选择控制系统时，操作界面的友好度和易用性不容忽视。操作人员需要方便地编程、监控和调整加工过程。人机界面的设计应简洁、直观，提供丰富的功能和信息，使得操作人员能够快速上手并高效工作。

控制系统的稳定性和可靠性对数控机床的长期性能至关重要。选择知名品牌或具有良好口碑的控制系统可以减少故障率，降低维护成本。控制系统的保修和技术支持也是选择时需要考虑的因素。

数控控制系统的安全功能是保护操作人员和设备的关键。确保控制系统具备完善的安全机制，如急停功能、限位开关和过载保护。这些安全措施在加工过程中能有效防止意外事故的发生，保障生产安全。

控制系统的价格和成本效益也是选择时的重要考量因素。在满足加工要求的前提下，选择性价比高的控制系统可以降低生产成本，提高经济效益。未来的维护和升级成本也是选择时需要考虑的方面。

（二）传感器与执行器的接入与配置

数控加工系统的硬件集成实践涉及传感器和执行器的接入与配置。通过合理配置和集成这些组件，制造业可以实现高效、稳定的加工过程，并确保加工质量。工程师需要掌握传感器和执行器的接入与配置技巧，以确保数控加工系统的最佳性能。

在数控加工系统中，传感器的接入与配置是关键部分。传感器用于实时监测加工过程中的各种参数，例如切削力、温度、振动和位置等。通过这些数据，系统可以及时调整加工参数，确保加工的精确性和稳定性。

选择合适的传感器是接入与配置的第一步。工程师应根据加工任务和材料特性，选择适当类型的传感器。力传感器可用于监测切削力，而温度传感器可用于监测加工过程中产生的热量。根据不同需求，选择传感器的精度和响应速度。

传感器的安装和接线是配置过程中的重要环节。工程师应确保传感器的安装位置准确，以便获得可靠的数据。传感器的接线应遵循标准，确保数据传输的稳定性和准确性。维护传感器的清洁和校准也是保证数据质量的关键。

在执行器的接入与配置方面，工程师应选择适当的执行器来控制加工过程。伺服电机和步进电机是常见的执行器，用于控制机床的运动。选择执行器时，应考虑其扭矩、速度和精度等参数，以满足加工需求。

执行器的安装和调试需要精确操作。工程师应确保执行器与机床的连接牢固可靠，并进行初步的调试和校准。这样可以确保执行器的动作精确，并与机床其他部分协同工作。

为了实现系统的智能化和自动化，传感器和执行器应与数控系统紧密集成。通过数据总线或网络，将传感器和执行器与数控系统连接起来。这种集成确保了数据和控制指令的顺畅传输，提高了加工的稳定性和效率。

实时监控和反馈是传感器和执行器集成的重要部分。通过实时监测加工过程中的数据，系统可以及时发现和解决潜在问题。执行器可以根据监测数据进行实时调整，以确保加工过程的精确性。

安全性是传感器和执行器接入与配置过程中必须考虑的因素。工程师应确保传感器和执行器的电气和机械安全，防止因故障或误操作导致的事故。传感器和执行器的可靠性和耐用性也是确保系统长期稳定运行的关键。

通过合理配置传感器和执行器，制造业可以实现自动化加工和智能制造。这不仅提高了生产效率，还减少了人工干预的需求。在未来的发展中，先进技术如物联网和人工智能将进一步推动传感器和执行器的集成。

第二节　数控加工系统优化方法

一、数控加工系统优化的概述

（一）数控加工系统优化的重要性

数控加工系统优化对于现代制造业至关重要。通过对加工系统的优化，企业可以提高生产效率、降低成本，并确保加工质量。优化的重点涵盖加工流程、设备、工艺和数据管理等多个方面。

优化数控加工系统可以显著提高生产效率。通过合理规划加工流程，减少加工时间和材料浪费，企业可以加快生产进度。通过选择合适的加工策略和刀具，减少空刀行程，可以进一步提高加工效率。

对加工工艺进行优化是提升加工质量的关键。选择合适的加工工艺参数，如切削速度、进给速度和切削深度，可以确保零件加工的精度和表面质量。通过优化加工路径，减少加工中的震动和误差，有助于提高零件的质量。

设备的优化是数控加工系统中不可忽视的环节。维护设备的正常运行状态，及时进行设备检修和保养，可以避免设备故障和停机时间。通过引入新技术和设备升级，企业可以进一步提升加工能力。

优化加工系统中的数据管理和监控是确保加工过程顺利进行的关键。实时数据采集和监控可以帮助工程师及时了解设备状态和加工进度。通过分析这些数据，工程师可以及时发现问题，并采取相应的措施。

优化加工系统还可以降低生产成本。通过合理规划加工流程和选择合适的加工策略，可以减少材料和能源的消耗。优化刀具路径和切削参数可以延长刀具寿命，降低刀具更换频率。

在数控加工系统中，员工培训和技能提升也是优化的重要方面。通过对员工进行系统的培训，提高其数控编程和操作技能，企业可以提高生产效率和加工质量。鼓励员工参与技术交流和学习，有助于不断提升企业的技术水平。

优化加工系统中的安全性和稳定性也是重要的考虑因素。确保加工过程中的人员和设备安全是企业的首要任务。通过选择合适的加工策略和刀具，并遵循安全操作规程，可以降低加工风险。

加工系统的灵活性和可扩展性是适应市场变化的关键。通过引入新的加工技术和工艺，企业可以快速调整生产计划，满足市场需求。灵活的加工系统可以方便地进行升级和扩展，适应未来的技术发展。

数据分析和优化工具在加工系统优化中发挥着重要作用。通过利用数据分析工具，工程师可以发现加工过程中的问题和瓶颈，并采取相应的优化措施。利用仿真和模拟工具，可以提前测试加工方案，避免加工中的问题。

（二）优化方法的选择与考量

优化方法的选择与考量在数控加工系统中至关重要，这一过程可以提高生产效率，降低加工成本，并确保产品质量。工程师需要在数控加工系统中对加工路径、切削参数、设备配置和生产计划等多个方面进行优化，以实现最优的生产效果。

在数控加工系统中，优化加工路径是关键的一环。通过优化加工路径，工程师可以确保加工过程的高效和精准。路径优化通常涉及计算最短和最有效的加工路线，以减少加工时间和材料浪费。这一过程可以通过数值计算方法和优化算法来实现。

切削参数的优化是另一个重要的考虑因素。通过选择合适的切削速度、进给量和切削深度等参数，工程师可以提高加工效率和质量。切削参数的优化还需要考虑材料特性、刀具特性和加工工艺等因素。

设备配置的优化是数控加工系统优化的重要组成部分。通过合理配置数控机床、刀具和工装夹具，工程师可以提高加工效率和生产灵活性。设备配置的优化通常涉及到选择最适合加工任务的设备和配件，并确保它们的协调工作。

在数控加工系统优化中，生产计划的制定也是一个关键环节。通过合理的生产计划，工程师可以确保加工任务的顺序和时间安排最优。这有助于减少设备空置时间，提高生产效率，并确保按时交付产品。

先进的优化算法在数控加工系统优化中发挥着重要作用。常见的优化算法包括遗传算法、模拟退火算法和粒子群优化算法等。这些算法可以帮助工程师在复杂的加工环境中找到最优的加工方案，提高生产效率。

实时监控和调整是数控加工系统优化的一个重要方面。通过监控加工过程中的参数，如切削力、振动和温度等，工程师可以及时发现问题并进行调整。这种实时监控有助于确保加工质量和效率，并避免加工事故。

在数控加工系统优化中，工程师还需要考虑加工成本的控制。通过优化加工路径和切削参数，工程师可以减少材料和能源的消耗，从而降低生产成本。这种成本控制对于提高制造业的竞争力至关重要。

在优化方法的选择与考量中，工程师应根据具体的加工任务和生产环境来选择合适的优化方法。对于复杂零件的加工，工程师可能需要选择多轴联动的加工路径优化方法。而对于大批量生产，工程师可能更关注生产计划的优化。

工程师还应关注优化过程中可能出现的问题和挑战。优化过程中可能出现局部最优解而非全局最优解的情况，这需要工程师进行多次优化尝试或调整优化算法。

优化方法的选择与考量将在数控加工系统中发挥更加重要的作用。随着人工智能和机器学习等技术的发展，工程师将能够利用这些技术实现更加智能化的优化。这将进一步提高数控加工系统的效率和灵活性，为制造业带来更多的发展机会。

1. 整体优化与局部优化的区别

整体优化与局部优化是数控加工系统优化的两个不同层次。整体优化关注整个加工系统的性能。它包括加工流程、设备配置、刀具选择和加工策略等多个方面的优化。通过优化整个系统，可以最大限度地提高生产效率和质量，同时降低成本和浪费。

局部优化侧重于特定加工环节或部分的优化。它关注具体加工任务中的细节，例如刀具路径、加工参数和设备设置。通过对局部环节的优化，可以解决具体问题，提高加工效果。局部优化通常是整体优化的组成部分，为整体性能的提升提供支撑。

在数控加工系统优化的概述中，数据驱动的决策起着重要作用。现代制造业依赖于实时监控和数据分析，以指导优化决策。通过收集和分析加工过程中产生的数据，可以识别性能瓶颈并制定相应的优化策略。

优化加工流程是整体优化的重要内容之一。通过分析加工步骤和顺序，可以找到最优的加工路线，减少加工时间和浪费。将简单加工步骤与复杂步骤分开处理，可以提高生产效率和加工质量。

设备配置的优化也是整体优化的一个方面。通过合理配置数控机床和辅助设备，可以提高生产线的灵活性和效率。选择多任务加工机床或引入自动化设备，可以减少设备切换和搬运的时间，提高生产速度。

刀具选择和管理是局部优化的重要环节。通过选择高质量、合适的刀具，可以提高加工质量和效率。合理的刀具管理，如及时更换和维护刀具，可以延长刀具寿命，减少停机时间。

加工参数的优化在局部优化中至关重要。选择合适的切削速度、进给速度和切削深度，可以提高加工效果，减少刀具磨损和材料浪费。加工参数的选择应根据材料特性、加工任务和刀具类型进行调整。

设备设置的优化也是局部优化的一个方面。通过调整机床的工作参数，如进给率、主轴速度和定位精度，可以提高加工精度和稳定性。设备的定期维护和保养也是优化的一部分，确保设备在最佳状态下运行。

整体优化和局部优化相辅相成。整体优化提供了宏观的优化方向，为局部优化提供指导。局部优化则通过细节调整，确保整体优化目标的实现。通过优化加工路径和工艺参数，可以提高生产线的整体性能。

2. 优化方法的技术要求和成本考虑

数控加工系统的优化是提高生产效率、降低成本及提升加工质量的重要手段。通过合理应用优化方法，工程师可以实现高效、稳定和精确的加工过程。在这个过程中，技术要求和成本考虑是两个关键因素，需要在优化方法中加以权衡。

数控加工系统的技术要求主要体现在加工质量和加工效率两个方面。为了确保加工质量，工程师应关注加工精度和表面质量等指标。这些指标要求数控系统具备高水平的控制能力和稳定性，以确保加工过程的精确度和一致性。

在优化过程中，工程师需要根据加工材料、零件形状和机床性能等因素，选择最合适的加工策略和参数。优化切削速度、进给率和切削深度等参数，可以提高加工效率，并确保加工质量。通过调整加工路径和加工顺序，工程师可以减少加工时间，提升生产率。

实时监控和反馈是数控加工系统优化的重要手段。通过监测加工过程中的数据，如刀具磨损、机床状态和加工精度等，工程师可以及时发现和解决潜在问题。这种实时反馈机制有助于确保加工过程的稳定性和可靠性。

成本考虑是数控加工系统优化的另一个重要方面。工程师在优化过程中应综合考虑材料成本、刀具成本、机床维护成本和人工成本等因素。通过优化加工策略和参数，工程师可以减少材料和刀具的浪费，降低生产成本。

先进技术在数控加工系统优化中发挥着重要作用。人工智能和机器学习技术可以帮助工程师分析加工过程中的数据，发现优化机会。这些技术可以预测加工中的问题，并提供优化建议，从而提高加工效率和质量。

在成本考虑中，工程师应关注加工过程中的能源消耗。通过优化加工参数和策略，工程师可以减少机床的能耗，降低生产成本。选择高效的刀具和设备也有助于减少能源消耗。

团队协作和知识共享是数控加工系统优化的重要因素。通过与其他技术人员的沟通和合作，工程师可以借鉴他人的经验，找到更好的优化方法。定期培训和学习新技术有助于保持工程师的专业水平。

在优化过程中，工程师应重视对生产流程的持续改进。通过不断监测和分析加工过程中的数据，工程师可以找到进一步优化的机会。这种持续改进有助于保持加工系统的高效和稳定。

最终，数控加工系统的优化需要综合考虑技术要求和成本因素。工程师应在确保加工质量和效率的前提下，合理控制生产成本。通过采用先进技术和创新方法，工程师可以实现更高水平的数控加工系统优化。

二、数控加工系统优化方法分析

（一）硬件优化方法

数控加工系统的硬件优化是确保加工效率和质量的重要措施。通过对数控加工系统的各个硬件组件进行优化，企业可以提升加工性能，减少生产成本，并确保加工过程的稳定性。

选择合适的数控机床是硬件优化的基础。不同类型的机床适用于不同的加工需求，工程师需要根据零件的形状、材料和加工要求选择合适的机床。先进的数控机床通常具有更高的精度和稳定性，有助于提高加工质量。

对数控系统进行升级是硬件优化的一种有效策略。现代数控系统通常具有更强大的计算能力和更丰富的功能，如多轴控制和高级插补。这些功能可以提高加工速度和精度，满足复杂零件的加工需求。

刀具的选择和管理是硬件优化中至关重要的一环。选择合适的刀具材质和形状可以提高切削效率，并延长刀具寿命。通过合理管理刀具，如定期更换和保养，可以确保加工过程的稳定性。

刀库的优化是提高加工效率的重要手段。一个高效的刀库可以确保刀具的快速更换，减少加工过程中的停机时间。合理安排刀具位置和顺序，可以提高刀库的利用率和切换效率。

机床结构的优化可以提高加工系统的刚性和稳定性。一个稳定的机床结构可以减少加工过程中的振动和误差，提高加工精度。采用减振材料和结构设计可以进一步降低加工过程中的振动。

冷却和润滑系统的优化对加工质量和设备寿命有重要影响。通过选择合适的冷却和润滑介质，可以有效控制加工温度，减少刀具和机床的磨损。合理设置冷却和润滑系统可以提高加工效率。

控制柜和电气系统的优化可以提高数控加工系统的稳定性和安全性。合理布置电气元件和线路，确保电气系统的稳定性和可靠性。采用现代控制器和驱动器可以提高控制精度和响应速度。

自动化和机器人技术在数控加工系统中的应用是硬件优化的先进策略。通过引入自动化设备，如机械手和传送带，企业可以实现加工过程的自动化和连续化，提高生产效率。机器人技术可以实现复杂零件的精确装夹和定位。

传感器技术在硬件优化中发挥着重要作用。通过在数控加工系统中安装各种传感器，如位置、温度和力传感器，工程师可以实时监控加工过程，并及时发现问题。这些数据可以用于优化加工策略，提高加工质量。

硬件优化中的数据管理和监控是确保加工系统稳定运行的重要环节。通过实时数据采集和监控，工程师可以了解设备状态和加工进度，并及时采取措施。利用数据分析工具可以发现潜在问题，并进行相应的调整。

（二）软件优化方法

软件优化方法在数控加工系统中起着重要作用，工程师通过软件优化可以提高生产效率，降低加工成本，并确保产品质量。数控加工系统的优化方法涉及多个方面，包括加工路径、切削参数、设备配置和生产计划等。这些方面的优化都可以通过软件工具和技术实现。

加工路径的优化是数控加工系统软件优化的重要方面。通过利用先进的路径规划算法，如 A*算法和最短路径算法，工程师可以找到最有效的加工路线。这种优化可以减少加工时间和材料浪费，提高加工效率。

在软件优化中，切削参数的优化是另一个关键点。通过软件工具，如 CAM 软件，工程师可以自动计算最佳的切削速度、进给量和切削深度。这些参数的优化不仅可以提高加工质量，还能减少刀具的磨损，延长其使用寿命。

设备配置的优化可以通过软件模拟和仿真来实现。通过模拟不同设备配置的效果，工程师可以选择最合适的机床、刀具和夹具组合。这种模拟和仿真可以帮助工程师预测不同配置的生产效率和质量，从而做出最优的选择。

生产计划的优化是数控加工系统软件优化的另一个方面。通过使用生产调度软件，工程师可以制定合理的生产计划，确保加工任务的顺序和时间安排最优。这有助于减少设备的空闲时间，提高生产效率。

先进的优化算法在数控加工系统的软件优化中扮演重要角色。常见的优化算法如遗传算法和模拟退火算法，可以帮助工程师找到最优的加工方案。这些算法通过模拟自然选择和退火过程，寻找最优解，提高生产效率。

实时监控和调整是数控加工系统优化的一个重要部分。通过软件工具实时监控加工过程中的参数，如切削力、振动和温度等，工程师可以及时发现问题并进行调整。这种实时监控有助于确保加工质量和效率，并避免加工事故。

数据分析是数控加工系统软件优化的一个重要方面。通过分析加工过程中产生的大量数据，工程师可以识别潜在问题，并制定相应的解决方案。数据分析可以帮助工程师优化切削参数，提高加工效率。

在软件优化中，工程师还应考虑用户界面的设计。一个良好的用户界面可以提高工程师的操作效率，并减少错误的发生。通过直观的图形界面，工程师可以更容易地查看和调整加工参数。

安全性和可靠性是软件优化中的重要考量。工程师应确保数控加工系统的软件稳定运行，并采取必要的安全措施，防止数据泄露和未经授权的访问。

软件优化方法将在数控加工系统中发挥更加重要的作用。随着人工智能和机器学习等技术的发展，工程师将能够利用这些技术实现更加智能化的软件优化。这将进一步提高数控加工系统的效率和灵活性，为制造业带来更多的发展机会。

第三节　数控加工系统仿真与验证

一、数控加工系统仿真技术与工具

（一）数控加工路径仿真软件

数控加工路径仿真软件在现代制造业中起着至关重要的作用。这种软件可以在虚拟环境中模拟加工过程。这一功能使工程师能够在实际加工之前检查加工路径的正确性和有效性。这种模拟可以帮助识别潜在问题，如工具路径冲突、过切或材料未加工等。

加工路径仿真软件能够模拟各种加工机床的行为，包括车床、铣床和加工中心。这些仿真可以帮助工程师了解不同机床在加工过程中的表现，并确保加工路径的适应性。通过模拟不同机床的特性，工程师可以优化加工策略，提高生产效率。

加工路径仿真软件还提供了可视化的加工过程。通过三维模型和动画展示，工程师可以直观地观察加工路径和零件的加工过程。这种可视化展示有助于工程师更好地理解加工过程，并及时发现潜在问题。

除了模拟加工过程，仿真软件还提供了分析工具。工程师可以通过软件分析加工路径的各项指标，如切削力、加工时间和刀具磨损。这些分析数据可以帮助工程师优化加工路径，提高加工效率和零件质量。

加工路径仿真软件通常还具备加工时间估算功能。通过模拟加工过程，软件可以预测加工任务所需的时间。这有助于生产计划和调度，提高生产线的效率。准确的时间估算也有助于成本控制。

在仿真软件中，工程师可以调整加工参数和路径。通过实时修改切削速度、进给速度和加工路径，工程师可以测试不同的加工策略。这种灵活性有助于工程师找到最优的加工方案，提高加工质量。

加工路径仿真软件的碰撞检测功能非常重要。通过检测加工过程中的潜在碰撞，软件可以提前避免设备和工件的损坏。这种功能在复杂零件的加工中尤为重要，可以确保加工过程的安全和可靠。

仿真软件还支持加工路径的优化和校正。在模拟加工过程中，工程师可以识别加工路径中的不合理之处，并进行相应调整。这种优化可以提高加工效率，减少加工时间和材料浪费。

加工路径仿真软件的报告生成功能提供了详实的模拟结果。工程师可以从软件中获取加工过程的详细报告，包括加工时间、加工质量和潜在问题。这些报告可以用于生产计划和质量控制，为工程师提供有价值的信息。

（二）刀具轨迹仿真工具

数控加工系统中的刀具轨迹仿真工具是提升加工质量和效率的重要手段。这些工具通过模拟加工过程，帮助工程师预先了解加工路径、刀具运动和潜在问题，从而提高加工的准确性和稳定性。在数控加工系统仿真技术与工具的应用中，需要注重多个方面的考虑和权衡。

刀具轨迹仿真工具首先为工程师提供了一个虚拟的加工环境。在这个环境中，工程师可以模拟加工过程的每一个细节，包括刀具轨迹、加工路径和加工参数等。这种模拟有助于提前发现潜在问题，避免实际加工中的错误。

这些仿真工具可以提供加工路径的可视化，使工程师能够直观地了解刀具在加工过程中的运动。通过观察刀具轨迹和加工路径，工程师可以优化加工策略，确保加工的连续性和流畅性，从而提高加工质量。

仿真技术还可以帮助工程师验证加工参数的合理性。通过模拟不同的切削速度、进给率和切削深度等参数，工程师可以找到最佳的加工参数组合。这种验证有助于提高加工效率，减少加工时间，并确保加工的稳定性。

在仿真过程中，工程师可以模拟不同类型的刀具和材料的加工过程。这种模拟有助于选择最合适的刀具和加工策略，确保加工质量和效率。仿真工具可以模拟复杂零件的加工，帮助工程师确定最佳的加工顺序和路径。

数控加工系统仿真工具还可以模拟加工过程中的碰撞和干涉。这种模拟有助于提前发现刀具、工件和机床之间的潜在冲突，避免加工中的事故。通过调整加工路径和策略，工程师可以避免这些问题，提高加工的安全性。

实时监控和反馈是数控加工系统仿真技术的重要组成部分。通过监控仿真过程中的数据和状态，工程师可以及时调整加工参数和策略。这种反馈机制有助于确保加工过程的稳定性和可靠性。

先进技术在仿真工具中发挥着重要作用。人工智能和机器学习技术可以帮助仿真工具更好地预测加工过程中的问题，并提供优化建议。这些技术有助于提高仿真的准确性和实用性。

在选择仿真工具时，工程师应考虑其功能和兼容性。仿真工具应具备完整的模拟功能，包括刀具轨迹、加工参数和加工路径等。仿真工具应与数控系统和其他制造软件兼容，实现数据的无缝传输。

团队协作和知识共享是数控加工系统仿真技术的重要因素。通过与其他技术人员的沟通和合作，工程师可以借鉴他人的经验，找到更好的仿真方法和策略。定期培训和学习新技术有助于保持工程师的专业水平。

二、数控加工系统仿真结果验证方法

（一）仿真结果验证方法

数控加工系统的仿真结果验证是确保加工质量和效率的重要步骤。通过对仿真结果进行验证，工程师可以确保仿真模型和实际加工过程的一致性，从而减少生产中的错误和成本。

验证仿真结果的准确性需要将仿真结果与实际加工结果进行对比。这可以通过加工样品的测量和检测来实现。工程师需要检查加工零件的尺寸、形状和表面质量，确保它们符合设计要求，并与仿真结果保持一致。

对比加工时间和效率是验证仿真结果的另一个重要方法。通过记录实际加工过程中所需的时间，并与仿真预测的加工时间进行对比，工程师可以评估仿真模型的准确性。如果实际加工时间与仿真结果相差过大，需要对仿真模型进行调整。

通过分析刀具磨损和寿命，可以验证仿真结果在刀具管理方面的准确性。工程师需要检查实际加工过程中的刀具磨损情况，并与仿真模型预测的刀具寿命进行对比。如果实际情况与仿真结果不符，可能需要调整仿真模型中的刀具参数。

监控机床和设备的运行状态也是验证仿真结果的重要步骤。工程师可以通过记录实际加工过程中的机床运动、轴向误差和振动等数据，并与仿真结果进行对比。这有助于验证仿真模型在设备行为预测方面的准确性。

为了验证仿真结果在冷却和润滑系统方面的准确性，工程师需要检查实际加工过程中的冷却和润滑效果。通过监测加工温度和润滑效果，并与仿真结果进行对比，可以评估仿真模型在这方面的准确性。

测量加工后的零件尺寸和公差是验证仿真结果的重要方法。工程师需要使用精密测量工具，如三坐标测量机和投影仪，检查加工零件的尺寸和公差是否符合设计要求。这有助于验证仿真结果在加工精度方面的准确性。

表面质量检测是验证仿真结果的重要环节。工程师需要使用表面粗糙度仪和其他表面质量测量工具，检查加工零件的表面质量，并与仿真结果进行对比。这有助于评估仿真模型在表面质量预测方面的准确性。

通过对加工过程中产生的废料和材料利用率进行分析，可以验证仿真结果在材料利用方面的准确性。工程师需要检查实际加工过程中产生的废料量，并与仿真结果进行对比。这有助于优化材料利用率，减少材料浪费。

与其他工程师和技术人员进行经验交流是验证仿真结果的有效方法。通过与其他专业人士讨论仿真结果和实际加工结果的差异，工程师可以获得宝贵的反馈，并对仿真模型进行相应的调整。

（二）加工路径正确性验证

加工路径的正确性验证和数控加工系统仿真结果验证方法在现代制造业中至关重要。这些方法确保了加工过程的准确性、效率和安全性，并降低了生产过程中出现意外问题的风险。工程师可以通过仿真技术和验证方法来评估加工路径和加工结果。

仿真技术是验证加工路径正确性的主要工具之一。通过使用数控加工仿真软件，工程师可以在虚拟环境中模拟加工过程。这种仿真可以帮助工程师提前发现可能出现的问题，如碰撞、加工路径不合理或切削参数不当等，从而进行调整。

在验证加工路径的正确性时，工程师应关注加工过程中是否存在碰撞或干涉。通过仿真软件，工程师可以检查刀具与工件、夹具或机床之间的距离，确保在加工过程中不发生碰撞。这有助于避免加工事故和损坏设备。

加工路径的合理性也是验证的重点之一。工程师应确保加工路径最短且高效，以减少加工时间和材料浪费。在仿真过程中，工程师可以查看加工路径的曲线和走向，确保其符合设计要求，并避免不必要的转弯和重复加工。

仿真软件还可以帮助工程师验证切削参数的正确性。在模拟加工过程中，工程师可以观察切削速度、进给量和切削深度的变化，确保这些参数在合理范围内。通过调整切削参数，工程师可以提高加工质量和效率。

加工顺序的验证也是仿真过程中的重要环节。工程师应确保加工顺序合理，以避免加工过程中出现的材料变形或加工质量下降。在仿真中，可以观察加工顺序的执行情况，确保其与设计要求相符。

在验证仿真结果时，工程师应关注加工时间和成本的估算。仿真软件通常可以提供加工时间和成本的估算结果，这些信息可以帮助工程师评估加工路径和切削参数的效率。通过调整加工路径和参数，工程师可以优化生产流程，降低成本。

验证方法中，工程师还可以利用实际加工数据与仿真结果进行比较。通过对比加工时间、加工质量和成本等数据，工程师可以评估仿真结果的准确性。如果仿真结果与实际数据相符，说明仿真过程具有较高的可信度。

在仿真和验证过程中，工程师应注意数据的准确性和完整性。使用高质量的设计数据和加工参数，可以提高仿真的准确性。工程师应确保仿真软件和数据源的可靠性，避免由于数据错误或软件问题导致的验证结果不准确。

实时监控和调整是加工路径正确性验证的重要部分。通过实时监控加工过程中的参数，工程师可以确保加工路径的正确执行。如果发现加工路径与仿真结果不一致，工程师可以及时调整加工参数和路径。

第八章
数控加工自动化技术

第一节　数控加工自动化概述

一、数控加工自动化技术的组成

（一）数控机床与自动化装置

数控机床与自动化装置在现代制造业中扮演着至关重要的角色。它们的组合使制造流程更加高效、精确且稳定。这种先进技术的核心在于计算机数控系统，它通过控制机床运动轨迹、切削速度和工件定位等，实现精密加工。

自动化装置是数控加工中不可或缺的一部分。它们包括工件传送、装夹和换刀等环节。通过机械臂和传送带等设备，自动化装置可以快速而准确地完成工件的搬运和定位，显著提高生产效率。

数控加工的自动化技术还涵盖了传感器和监控系统。这些系统可以实时监控加工进程，包括切削速度、刀具磨损和工件质量等参数。一旦发现异常，系统可以立即调整加工参数，确保加工质量和安全性。

优化数控加工自动化技术的一个关键领域是数据分析和预测维护。通过对加工数据的收集和分析，系统可以预测设备的维护周期，从而减少停机时间并延长设备的使用寿命。

自动化装置的智能化发展也为数控加工提供了更广阔的前景。通过引入机器学习和人工智能技术，自动化系统可以学习和优化加工策略，进一步提高生产效率和质量。

工件夹具在数控加工中起着至关重要的作用。通过设计精良的夹具，能够确保工件在加工过程中的稳定性和定位精度，从而保证加工质量。

刀具管理是数控加工自动化技术的重要组成部分。通过自动换刀装置，系统能够根据加工需求自动选择合适的刀具，提高加工效率并减少人为干预。

材料管理在数控加工中也至关重要。自动化系统可以通过感应器监控材料的存储和使用情况，确保加工过程中的材料供应充足且稳定。

工艺优化是数控加工自动化技术的重要环节。通过模拟和实验，工程师可以优化加工工艺，从而提高生产效率和产品质量。

数控加工的自动化技术还涉及加工过程的实时监控与调整。通过高级监控系统，工程师可以实时跟踪加工进程，及时调整参数以确保加工质量。

数控机床与自动化装置的发展趋势是向智能化方向发展。通过引入先进的控制系统和算法，数控加工将变得更加智能化和高效化。

可视化操作界面是数控加工自动化技术的另一个重要组成部分。通过直观的界面，操作员可以更方便地监控和控制加工过程，提高操作效率。

数控加工自动化技术的应用不仅限于加工领域。它在各行各业都发挥着重要作用，如航空航天、汽车制造和医疗器械等领域，都能从中受益。

高效的材料利用是数控加工自动化技术的一个重要优势。通过精确控制加工过程，系统可以最大程度地利用材料，减少浪费。

数控加工自动化技术的发展也促进了绿色制造。通过优化加工工艺和设备维护，可以减少能源消耗和环境污染。

加工过程中的实时数据监控和分析是数控加工自动化技术的核心。通过数据驱动的方法，系统可以不断优化加工流程，提高生产效率。

定制化生产是数控加工自动化技术的另一个优势。通过灵活的控制系统，制造商可以根据客户需求快速调整生产线，实现定制化生产。

智能监控系统在数控加工自动化技术中起着重要作用。它们可以实时监控加工过程，确保加工质量并预测设备维护周期。

数控加工自动化技术的发展推动了生产流程的数字化。通过引入数字化工具，制造商可以更好地管理生产流程，提高生产效率。

高效的工序安排是数控加工自动化技术的一个重要特征。通过先进的计划和调度系统，制造商可以优化生产流程，提高生产效率。

数控加工自动化技术的应用还体现在安全管理方面。通过监控和预警系统，制造商可以确保生产过程的安全，减少意外事故的发生。

（二）自动化控制系统

数控加工自动化技术在现代制造业中扮演着关键角色，这一技术由多个组成部分构成。核心组件是数控机床。这些机床通过计算机程序控制，可以执行精确的切削、钻孔和铣削等操作，生产出高质量的零件。这些机床通常配备了先进的传感器和反馈系统，以确保加工的精度。

数控加工自动化技术离不开软件编程工具。这些工具允许工程师创建复杂的加工程序，控制机床的运行。编程软件可以模拟加工过程，优化工艺流程，并确保最终产品符合设计要求。这些软件通常支持多种编程语言和界面，为操作人员提供灵活性。

自动化控制系统是数控加工自动化技术的另一个组成部分。这些系统包括可编程逻辑控制器（PLC）和分布式控制系统（DCS）等，用于监控和控制机床的操作。这些控制系统能够实时调整加工参数，确保生产过程的稳定性和精度。

自动化控制系统中常见的还有伺服驱动器和步进电机。这些组件负责控制机床的运动，确保其在加工过程中保持高精度和稳定性。它们与计算机程序紧密结合，保证加工的每个步骤都能精确执行。

在数控加工自动化技术中，数据采集和分析也发挥着重要作用。通过实时收集生产数据，制造商可以监控机床的性能，及时发现潜在问题，并进行调整。这有助于提高生产效率和产品质量。

操作界面是数控加工自动化技术的一个重要组成部分。用户友好的界面使操作人员能够方便地控制和监视机床的运行。通过这些界面，操作人员可以快速调整加工参数，并获得生产过程的实时反馈。

数控加工自动化技术还需要配备自动换刀系统。这个系统可以在加工过程中自动更换不同的刀具，提高生产效率，并减少了人工干预。自动换刀系统还可以根据需要调整刀具的顺序和角度，以适应不同的加工任务。

精确的测量和检测设备也是数控加工自动化技术的重要组成部分。这些设备用于检查加工后的零件是否符合设计规格。通过实时检测，制造商可以及时发现并纠正加工中的错误，确保产品质量。

在数控加工自动化技术中，机器人也开始发挥越来越重要的作用。机器人可以协助装载和卸载工件，减轻操作人员的工作负担。这不仅提高了生产效率，还增强了工人的安全性。

二、数控加工自动化技术的优势

（一）自动化设备与系统

数控加工自动化技术近年来在制造业中得到了广泛的应用和认可。这项技术提高了生产效率。通过自动化操作，机器能够在无人值守的情况下连续工作，提高了生产线的运转速度。数控加工设备可以同时处理多种复杂的零件和加工步骤，大大减少了生产所需的时间。

另一个显著的优势是精度和重复性。数控加工技术利用计算机编程来控制机械部件的运动，确保每一次加工都能够达到相同的标准。这使得产品质量稳定，并且可以确保零件的精确尺寸，符合设计要求。

在制造业中，生产成本控制是一个关键问题。数控加工自动化技术通过减少人工干预和材料浪费，显著降低了生产成本。由于机器可以连续运行，减少了停机时间，进一步提高了生产线的效率。

自动化设备在安全性方面也表现出色。自动化操作减少了工人直接接触危险材料和机械的机会，降低了工伤事故的风险。机器的稳定运行也有助于保护工人的健康和安全。

数控加工自动化技术的灵活性也是其优势之一。现代数控设备可以通过简单的编程更改加工参数和工艺流程，适应不同产品的生产需求。这种灵活性使制造商能够快速响应市场变化，满足客户的多样化需求。

从长期来看，数控加工自动化技术促进了制造业的可持续发展。通过提高生产效率、降低能耗和减少废料产生，企业在竞争中获得了更大的优势。这种技术有助于减少对自然资源的依赖，提高生产的环境友好性。

尽管数控加工自动化技术带来了许多优势，但其实施也面临一些挑战。初始投资成本较高，需要对操作人员进行培训，以及设备的维护和保养等。这些问题需要制造商在决策时予以考虑。

（二）数控加工自动化的优势

数控加工自动化的高效率在节省时间和人力方面起着关键作用。传统加工方式需要人工监控和调整，而数控自动化则由预编程程序控制机器进行精确加工，减少了人为干预。这种精确控制减少了不必要的停工时间，使生产线能够连续运行，从而提高产量，降低单位生产成本。

数控加工自动化通过精确切割和加工大大减少了材料浪费。传统加工可能会导致材料的过度使用和浪费，而数控设备能够根据设定的参数进行加工，最大限度地利用原材料。这不仅减少了生产成本，还对环境产生积极影响。

在产品质量和一致性方面，数控加工自动化也展现出明显的优势。由于机器操作完全按照预先设定的程序进行，每个产品的规格和质量都能够保持一致。这种一致性不仅提升了产品的市场竞争力，还减少了因产品质量问题导致的返工和退货的成本。

数控加工自动化为制造业提供了更高的灵活性和适应性。通过更改程序，机器能够快速适应不同的产品规格和加工需求。这种灵活性使制造企业能够在市场需求发生变化时迅速调整生产，保持竞争优势，并降低生产切换成本。

长时间连续工作的能力也是数控加工自动化的一大优势。自动化设备可以在较长的生产周期内持续运转，无需频繁停机。这使得生产线能够保持稳定的高产量，从而进一步降低了生产单位成本，提高了产能利用率。

在确保自动化加工设备的稳定性和效率方面，适当的维护和保养至关重要。定期检查和维护能够延长设备的使用寿命，确保加工过程的稳定。这种长期投资对于保持竞争力和降低长期成本起着积极作用。

数控加工自动化的优势还体现在其提供的数据和分析工具上。设备在加工过程中生成的数据为企业提供了优化生产流程和提高质量的机会。这些数据有助于企业调整加工策略，进一步提高效率，降低生产成本。

数控加工自动化提升了生产过程中的安全性。由于机器按照程序运行，工人无需直接接触危险的加工工具，减少了工伤事故的发生。这种安全优势不仅保护了员工的健康和安全，还避免了因事故导致的停工和额外成本。

1. 生产效率的提高

数控加工自动化在提高生产效率方面具有许多显著的优势。这种技术能够大幅度减少生产过程中所需的人力参与。通过自动化的数控机床操作，工件可以在无人操作的情况下被加工，这样不仅减少了人力成本，还提升了生产的安全性。这种自动化也减少了人为失误的可能性，从而提高了产品的质量。

数控加工自动化能够显著缩短生产周期。在传统的加工方式中，每个工件的加工都需要经过多个工序，由人工进行操作，这往往会耗费大量时间。而数控加工自动化则可以实现一次性完成多个工序的加工，大大缩短了生产时间。这样的效率提升对满足市场需求具有重要意义。

数控加工自动化能够提供高精度的加工结果。这种技术通过计算机编程控制机床的操作，确保了每一个工序的精确度。这种精确度不仅提高了产品的质量，还减少了后续的返工和修复工作，从而进一步提升了生产效率。

自动化数控加工还可以增加工厂的灵活性。在生产线上引入自动化设备后，工厂能够迅速调整生产计划，以应对不同产品的需求。这种灵活性使得生产线能够更快地响应市场变化，从而保持竞争优势。

值得一提的是，数控加工自动化还能改善工人的工作环境。通过减少手动操作和人机接触的机会，自动化设备降低了工人受伤的风险。更少的劳动强度和更高的工作效率让工人能够专注于其他更有价值的任务。

数控加工自动化还可以提高材料利用率。通过精确控制机床的操作，自动化加工能够最大限度地减少材料浪费。这样的优化不仅有助于降低生产成本，还对环境保护起到积极作用。

除了生产过程的优化外，数控加工自动化还在维护和监控方面表现出色。先进的自动化系统可以实时监控设备的运行状况，及时发现并解决问题。这种主动维护减少了设备的停机时间，确保了生产线的连续运行。

在成本效益方面，数控加工自动化在长期运行中可以显著降低生产成本。虽然初始投资可能较高，但随着时间的推移，通过提高生产效率和减少人力成本，企业能够获得可观的投资回报。

2. 生产成本的降低

数控加工自动化通过减少人工操作的数量来提高生产效率。传统的加工方式需要工人手动进行调整和监控，而数控加工自动化则允许机器根据预先设定的程序自行操作。这种自动化操作不仅减少了人为错误的风险，还节省了大量的时间和人力。

数控加工自动化在减少废料和能源消耗方面也表现出显著优势。通过精确的切割和加工，数控设备能够最大程度地利用原材料，减少废料的产生。这种高效的加工方式不仅降低了生产成本，还减少了对环境的影响。

数控加工自动化还可以提高产品的一致性和质量。由于数控设备按照精确的程序进行操作，每个产品都能保持相同的规格和质量。这种一致性有助于提高产品的市场竞争力，同时减少返工和返修的成本。

数控加工自动化也提供了更高的灵活性和适应性。通过简单地更改程序，机器可以快速适应不同的产品和加工要求。这种灵活性有助于企业在市场需求变化时迅速做出调整，从而保持竞争优势。

数控加工自动化能够在较长时间内连续工作，不需要频繁停机。这个特性使生产线能够保持较高的产量，从而进一步降低单位成本。自动化加工的连续性也有助于减少生产周期，提高交货时间的准时性。

为了确保自动化加工的优势得以充分发挥，企业需要对设备进行适当的维护和保养。良好的维护不仅可以延长设备的使用寿命，还能确保加工过程的稳定性和效率。这种长远的投资有助于企业在长期内保持竞争力。

自动化加工的优势还包括更高的安全性。由于操作过程无需工人直接接触危险机器，安全事故的风险大大降低。这种安全性不仅有助于保护工人的健康和安全，还能避免意外停工带来的额外成本。

值得一提的是，数控加工自动化还可以为企业提供更多的数据和分析工具。通过监控和记录加工过程中的各种参数，企业可以获得宝贵的生产数据。这些数据可以用于优化加工流程，提高效率和质量，从而进一步降低生产成本。

第二节　数控加工自动化关键技术

一、数控加工自动化关键技术的分类

（一）设备自动化技术

数控加工自动化技术涉及多种关键技术，这些技术帮助制造商实现高效、精确

的生产。

数控系统是整个加工过程的核心。这些系统通过计算机程序控制机床的操作，可以执行复杂的加工任务。数控系统通常包括硬件和软件部分，确保加工的精度和稳定性。

第二种关键技术是伺服控制技术。这种技术通过控制机床的运动来实现精确的定位和运动控制。伺服系统使用反馈传感器来监控机床的位置和速度，并实时调整以确保加工的精度。

第三种关键技术是刀具管理系统。这些系统负责自动更换和管理刀具，提高了生产效率。通过使用先进的刀具管理系统，机床可以在不同的加工任务之间快速切换刀具，减少了停机时间。

第四种关键技术是检测与监控技术。先进的传感器和检测设备可以实时监控加工过程中的关键参数，如尺寸、形状和表面质量。这有助于及时发现问题，确保产品质量符合设计标准。

第五种关键技术是自动化夹具和工装系统。通过使用自动化夹具，机床可以快速定位和固定工件，提高了加工的稳定性和效率。自动化工装系统则通过快速更换工装，实现多种零件的加工。

第六种关键技术是数据采集与分析技术。通过实时收集生产数据，制造商可以监控机床的性能，优化加工参数，并进行故障诊断。这种技术帮助制造商提高生产效率，并减少了不必要的停机时间。

第七种关键技术是联网与远程监控。通过将数控机床连接到网络，制造商可以实现远程监控和管理。操作人员可以通过网络实时查看机床的状态，进行调整和维护，提高了生产的灵活性。

机器人技术也成为数控加工自动化中的重要组成部分。机器人可以协助机床进行装载和卸载工件，执行重复性任务，提高了生产效率，并降低了人工成本。

人工智能和机器学习技术正逐渐应用于数控加工自动化。通过分析大量数据，这些技术可以帮助制造商优化加工参数，预测机器故障，并提供智能建议。这有助于进一步提高生产效率和产品质量。

（二）工艺自动化技术

数控加工自动化是一种将先进的工艺自动化技术应用于加工制造领域的过

程。通过数控加工自动化，制造商能够实现高精度、高效率的生产。关键技术的分类为理解数控加工自动化提供了框架，这样可以更好地评估其在制造过程中的作用。

机床自动化是数控加工自动化的核心技术之一。通过先进的传感器、控制系统和软件，机床能够自动执行各种加工操作。这种自动化的机床不仅可以完成复杂的加工任务，还可以实时监控加工进程，确保高质量的输出。

另一个重要的分类是刀具管理自动化。这包括刀具的选择、安装、监控和维护等方面。通过自动化刀具管理系统，机床可以根据不同的加工需求自动选择最合适的刀具。这种技术提高了加工效率，同时也降低了刀具的磨损。

物料输送自动化是数控加工过程中不可或缺的一部分。通过自动化的物料输送系统，工件可以在加工过程的各个阶段流畅地移动。这种技术减少了人工搬运的需求，确保了生产线的连续性和效率。

检测与质量控制自动化是确保产品符合规格的重要技术。这些系统通过自动化传感器和检测设备，实时监控加工过程中的质量。这些技术确保了产品的一致性，并减少了返工和废品的数量。

编程与控制自动化是数控加工自动化的核心。通过编程和控制技术，制造商可以创建复杂的加工程序。这些程序可以直接控制机床的动作，确保高精度的加工过程。这种编程自动化使得生产线能够灵活地适应不同的生产需求。

模拟与仿真自动化在数控加工过程中起到了重要作用。通过模拟和仿真，制造商可以在实际加工之前对加工过程进行预演。这种技术帮助优化加工流程，减少试错次数，提高生产效率。

刀具磨削与再生自动化是一项关键技术，确保了刀具的持续高效工作。通过自动化系统对刀具进行磨削和再生，制造商能够延长刀具的使用寿命，降低生产成本。

自动化的工艺监控与调整是确保数控加工高质量运行的关键。通过自动化系统实时监控机床和工艺参数，制造商可以及时发现并纠正问题。这种主动调整确保了加工过程的稳定性和产品质量。

网络与数据集成自动化是数控加工现代化的关键技术。通过网络连接和数据共享，制造商可以实时监控和调整整个生产线。这种数据集成有助于提高生产线的效率，并为决策提供数据支持。

二、数控加工自动化关键技术详解

（一）设备自动化技术

数控加工自动化通过减少人工操作的数量来提高生产效率。传统的加工方式需要工人手动进行调整和监控，而数控加工自动化则允许机器根据预先设定的程序自行操作。这种自动化操作不仅减少了人为错误的风险，还节省了大量的时间和人力。

数控加工自动化在减少废料和能源消耗方面也表现出显著优势。通过精确的切割和加工，数控设备能够最大程度地利用原材料，减少废料的产生。这种高效的加工方式不仅降低了生产成本，还减少了对环境的影响。

数控加工自动化还可以提高产品的一致性和质量。由于数控设备按照精确的程序进行操作，每个产品都能保持相同的规格和质量。这种一致性有助于提高产品的市场竞争力，同时减少返工和返修的成本。

数控加工自动化也提供了更高的灵活性和适应性。通过简单地更改程序，机器可以快速适应不同的产品和加工要求。这种灵活性有助于企业在市场需求变化时迅速做出调整，从而保持竞争优势。

数控加工自动化能够在较长时间内连续工作，不需要频繁停机。这个特性使生产线能够保持较高的产量，从而进一步降低单位成本。自动化加工的连续性也有助于减少生产周期，提高交货时间的准时性。

为了确保自动化加工的优势得以充分发挥，企业需要对设备进行适当的维护和保养。良好的维护不仅可以延长设备的使用寿命，还能确保加工过程的稳定性和效率。这种长远的投资有助于企业在长期内保持竞争力。

自动化加工的优势还包括更高的安全性。由于操作过程无需工人直接接触危险机器，安全事故的风险大大降低。这种安全性不仅有助于保护工人的健康和安全，还能避免意外停工带来的额外成本。

值得一提的是，数控加工自动化还可以为企业提供更多的数据和分析工具。通过监控和记录加工过程中的各种参数，企业可以获得宝贵的生产数据。这些数据可以用于优化加工流程，提高效率和质量，从而进一步降低生产成本。

1. 数控机床技术

数控机床技术在现代制造业中具有极其重要的地位。它通过精密控制机床的运动，达到高精度的加工效果。借助先进的计算机控制系统，数控机床能够自动执行复杂的加工任务，提升了生产效率。

数控加工的自动化关键技术涵盖了多个方面，包括运动控制、刀具管理和实时监控。运动控制系统通过精确定位和运动轨迹规划，确保机床在加工过程中保持高精度的运行。

刀具管理是数控加工自动化技术的重要组成部分。通过自动换刀系统，数控机床可以根据加工需求快速切换刀具，最大限度地提高加工效率。

实时监控系统在数控加工自动化技术中发挥着关键作用。通过感应器和监控设备，系统可以实时监测加工过程中的各种参数，如切削力、温度和振动。

加工过程中的数据分析与反馈机制是数控加工自动化技术的核心。通过实时分析数据，系统可以即时调整加工参数，确保加工质量和稳定性。

机器学习和人工智能在数控加工自动化中日益重要。通过引入这些技术，数控机床可以自适应地优化加工策略，提高加工效率和质量。

材料管理在数控加工自动化技术中扮演着关键角色。自动化系统可以通过监控材料的供应和使用，确保加工过程中材料的稳定供应。

工件夹具在数控加工中起着至关重要的作用。设计合理的夹具能够确保工件在加工过程中的稳定性和定位精度，从而保证加工质量。

数控加工自动化技术在工艺优化方面有着显著的优势。通过模拟和实验，工程师可以不断改进加工工艺，提高生产效率和产品质量。

加工设备的维护和保养也是数控加工自动化技术的关键部分。通过预测性维护，系统可以在设备出现故障前进行维修，减少停机时间。

加工质量控制是数控加工自动化技术的核心环节。通过监测和控制加工过程中的关键参数，系统可以确保加工质量的稳定性。

数控加工自动化技术的另一重要方面是数字化操作界面。操作员可以通过直观的界面方便地监控和控制加工过程，提高工作效率。

在数控加工自动化中，工序安排和调度也至关重要。先进的调度系统可以优化加工顺序，提高生产效率。

数控加工自动化技术在精益生产中起着重要作用。通过高效的加工流程和工艺优化，制造商可以实现高质量、高效率的生产。

加工过程中的冷却和润滑也是数控加工自动化技术的重要组成部分。通过合理的冷却和润滑，系统可以降低加工过程中产生的热量和摩擦。

数控加工自动化技术将继续向智能化方向发展。通过引入先进的控制系统和算法，数控加工将变得更加高效、稳定和智能。

加工过程中的废料处理和回收也是数控加工自动化技术的重要环节。通过合理的废料管理，制造商可以减少浪费，提升资源利用率。

可视化监控和分析是数控加工自动化技术的重要发展方向。通过实时的可视化数据，操作员可以快速了解加工状态。

数控加工自动化技术在质量追溯方面也发挥着重要作用。通过数据记录和分析，制造商可以追溯产品质量问题，确保产品质量。

加工过程中的机器人应用也是数控加工自动化技术的一个重要趋势。通过引入机器人，制造商可以实现更高效、更精确的加工过程。

2. 自动化控制系统

数控加工自动化技术在制造业中扮演着重要角色，它涉及多种关键技术。这些技术确保生产过程的高效率和高精度。数控系统是加工自动化的核心。它通过计算机程序控制机床的操作，实现精确的加工。数控系统包括硬件和软件部分，确保机床按照设定的路径和工艺流程进行加工。

伺服控制技术在数控加工中起着关键作用。通过实时控制机床的运动和速度，伺服系统确保了加工的精度。它利用反馈机制调整机床的位置和速度，确保加工过程稳定。

刀具管理系统通过自动更换刀具，提高了生产效率。这个系统能够根据不同加工任务的要求快速切换刀具，减少了停机时间。这种灵活性有助于加工复杂的零件。

检测与监控技术是数控加工自动化中的另一项关键技术。通过使用先进的传感器和检测设备，生产过程中的关键参数可以实时监控。这有助于及时发现并纠正加工中的问题，确保产品质量。

自动化夹具和工装系统对加工过程至关重要。通过使用自动化夹具，工件可以快速定位和固定，确保加工的稳定性。自动化工装系统还可以实现不同零件之间的快速更换，提高生产效率。

数据采集与分析技术在数控加工自动化中发挥着重要作用。通过实时收集生产数据，制造商可以监控机床的性能，优化加工参数。这种技术还可以用于故障诊断和预测性维护，减少停机时间。

网络化和远程监控技术为数控加工自动化带来了新的可能性。通过将数控机床连接到网络，制造商可以实现远程监控和管理。操作人员能够通过网络实时查看机床的状态，并进行调整和维护。

机器人技术在数控加工自动化中越来越普遍。机器人可以协助机床进行工件的装载和卸载，执行重复性任务。这不仅提高了生产效率，还降低了人工成本，并提高了操作人员的安全性。

人工智能和机器学习在数控加工自动化中的应用越来越广泛。这些技术可以通过分析大量数据优化加工参数，预测机器故障，并提供智能建议。这有助于进一步提高生产效率和产品质量。

（二）工艺自动化技术

机床控制系统是数控加工自动化的核心部分之一。这种系统通过计算机程序控制机床的各个动作，包括切削、移动和操作。在现代数控机床中，常见的控制系统包括可编程逻辑控制器（PLC）和工业计算机。通过这些系统，机床能够根据加工需求自动调整参数，实现高精度加工。

刀具自动化是提高加工效率和精确度的重要技术。通过自动化的刀具更换和维护系统，机床可以快速更换不同类型的刀具，以适应不同的加工需求。刀具监测系统能够实时监控刀具的磨损和状态，及时调整加工参数，确保加工质量。

自动工件装夹系统是另一项关键技术。通过使用自动夹具和机器人手臂，工件可以被精确地装夹到机床上。这种自动化系统不仅提高了生产效率，还确保了加工过程的稳定性和一致性。

先进的传感器技术在数控加工自动化中发挥着重要作用。这些传感器可以实时监测加工过程中的各种参数，如温度、压力和位置。通过这些数据，机床可以自动调整加工参数，确保最佳的加工效果。

实时监控与反馈系统是确保加工过程顺利进行的关键。通过实时监控系统，制造商可以及时发现并解决问题。反馈系统则将加工结果与预期结果进行比较，以确保加工质量。

编程与模拟技术在数控加工自动化中也起到了重要作用。通过先进的编程软件，制造商可以创建复杂的加工程序，并对其进行模拟测试。这种技术有助于优化加工流程，减少试错时间和成本。

物料输送自动化是确保生产线连续运行的重要技术。通过自动化的物料输送系统，工件可以在不同的加工阶段之间顺畅移动。这种技术减少了人工搬运的需求，提高了生产效率。

网络与数据集成是数控加工自动化的现代趋势。通过将生产线连接到网络，制造商可以实现数据的实时共享和监控。这种数据集成有助于提高生产线的协同性和灵活性。

维护与故障诊断自动化技术为数控加工自动化提供了可靠性和持续性。通过自动化的维护和故障诊断系统，制造商可以定期监测机床的状态，及时发现并解决潜在问题，从而减少停机时间。

1. 加工路径规划与优化技术

数控加工自动化为现代制造业带来了诸多优势，不仅在提高生产效率方面表现突出，还在降低生产成本上发挥着重要作用。以下是数控加工自动化在降低生产成本方面的优势及其重要性。

数控加工自动化的高效率在节省时间和人力方面起着关键作用。传统加工方式需要人工监控和调整，而数控自动化则由预编程程序控制机器进行精确加工，减少了人为干预。这种精确控制减少了不必要的停工时间，使生产线能够连续运行，从而提高产量，降低单位生产成本。

数控加工自动化通过精确切割和加工大大减少了材料浪费。传统加工可能会导致材料的过度使用和浪费，而数控设备能够根据设定的参数进行加工，最大限度地利用原材料。这不仅减少了生产成本，还对环境产生积极影响。

在产品质量和一致性方面，数控加工自动化也展现出明显的优势。由于机器操作完全按照预先设定的程序进行，每个产品的规格和质量都能够保持一致。这种一致性不仅提升了产品的市场竞争力，还减少了因产品质量问题导致的返工和退货的成本。

数控加工自动化为制造业提供了更高的灵活性和适应性。通过更改程序，机器能够快速适应不同的产品规格和加工需求。这种灵活性使制造企业能够在市场需求发生变化时迅速调整生产，保持竞争优势，并降低生产切换成本。

长时间连续工作的能力也是数控加工自动化的一大优势。自动化设备可以在较长的生产周期内持续运转，无需频繁停机。这使得生产线能够保持稳定的高产量，从而进一步降低了生产单位成本，提高了产能利用率。

在确保自动化加工设备的稳定性和效率方面，适当的维护和保养至关重要。定期检查和维护能够延长设备的使用寿命，确保加工过程的稳定。这种长期投资对于保持竞争力和降低长期成本起着积极作用。

数控加工自动化的优势还体现在其提供的数据和分析工具上。设备在加工过程中生成的数据为企业提供了优化生产流程和提高质量的机会。这些数据有助于企业调整加工策略，进一步提高效率，降低生产成本。

数控加工自动化提升了生产过程中的安全性。由于机器按照程序运行，工人无需直接接触危险的加工工具，减少了工伤事故的发生。这种安全优势不仅保护了员工的健康和安全，还避免了因事故导致的停工和额外成本。

2. 刀具路径规划算法

刀具路径规划算法是数控加工自动化中的关键技术之一。它决定了刀具在加工过程中沿着何种路径运行，以实现高效、精确的加工。这种算法的设计和优化直接影响到加工质量和效率。

刀具路径规划的基础在于加工模型的建立。通过三维 CAD 模型，工程师可以确定加工的目标和要求，然后将其转化为刀具路径规划的基础数据。

从原理上讲，刀具路径规划涉及多种策略。不同的加工任务可能需要采用不同的路径规划方法，如轮廓切削、曲面加工和空腔加工等。

在路径规划中，避障策略是一个重要的考虑因素。为了避免刀具与工件、夹具或其他设备发生碰撞，路径规划算法需要具备智能避障功能。

最短路径和最优路径是路径规划算法的主要目标之一。通过寻找最短的刀具运动路径，可以减少加工时间，提高生产效率。

路径规划中的材料去除效率也是一个关键指标。通过合理规划路径，系统可以最大限度地提高材料去除速率，减少加工时间。

刀具路径规划还需要考虑刀具的使用寿命和稳定性。通过优化路径，可以均匀分布刀具的磨损，提高其使用寿命。

在数控加工自动化中，路径规划算法还需要考虑加工过程中的动态调整。通过实时监控和调整，系统可以确保加工质量和效率。

基于工件特征的路径规划是当前数控加工中的一大趋势。通过识别工件的形状、尺寸和其他特征，系统可以生成更合理的刀具路径。

先进的刀具路径规划算法通常结合了多种优化技术，如遗传算法和模拟退火等。这些算法可以帮助找到更优的路径规划方案。

路径规划的精度和鲁棒性对于加工质量至关重要。算法需要能够处理各种复杂工件的加工，确保精确定位和加工。

在路径规划中，工艺参数的优化也是一个重要方面。通过对切削速度、进给速度和刀具旋转速度等参数的优化，系统可以实现更高效的加工。

刀具路径规划的计算效率也是一个关键指标。算法需要在合理的时间内生成最优路径，以满足生产需求。

智能化的路径规划算法可以通过学习和优化加工策略，进一步提高加工质量和效率。它们可以根据历史数据和实际加工情况调整规划。

基于云计算的路径规划是一种新兴趋势。通过利用云计算资源，系统可以实现更强大的计算能力和更高效的路径规划。

刀具路径规划中的并行计算也是一种创新。通过并行计算，可以加速路径规划的计算过程，提高算法的效率。

路径规划算法的集成化和模块化设计使其更易于与其他系统对接。通过与其他自动化系统的无缝连接，整体加工流程更加高效。

加工过程中的可视化路径规划是一个重要的发展方向。通过可视化界面，操作员可以更直观地了解刀具的运动路径。

路径规划算法需要能够适应不同类型的数控机床和加工任务。通用性和灵活性是算法设计中的关键考虑因素。

刀具路径规划的动态优化是未来的发展方向。通过实时监测加工情况，系统可以根据实际情况调整路径，提高加工效率。

第三节 数控加工自动化发展趋势

一、数控加工自动化发展现状

（一）目前数控加工自动化技术的应用现状

数控加工自动化技术在当今制造业中得到了广泛的应用和快速的发展。这项技术在汽车制造业中表现得尤为突出。数控加工自动化设备被用于生产高精度的汽车零部件，如发动机零件、传动系统和底盘组件。这不仅提高了生产效率，还确保了产品质量的稳定性。

在航空航天领域，数控加工自动化技术是生产高精度、复杂零件的关键。飞机和航天器的零部件要求极高的精度和可靠性，这使得数控加工自动化技术成为必不可少的工具。通过这项技术，制造商能够生产出符合严格要求的零部件。

在医疗器械制造方面，数控加工自动化技术也发挥着重要作用。医疗器械需要精确的加工和表面处理，以确保其在医疗应用中的安全和可靠性。数控加工自动化技术使制造商能够生产出符合医疗标准的器械，如外科工具和植入物。

消费电子产品的生产同样受益于数控加工自动化技术。智能手机、平板电脑和笔记本电脑等电子设备需要精密加工的零部件，如金属外壳和内部结构件。通过数控加工自动化技术，制造商可以生产出高质量且设计精美的电子产品。

数控加工自动化技术在机械制造业中也得到了广泛应用。无论是生产机器零件、模具，还是大型设备，这项技术都能够提高生产效率和精度。它使制造商能够快速响应市场需求，生产出高质量的机械产品。

在家具制造领域，数控加工自动化技术被用于加工木材和其他材料。通过这项技术，制造商可以生产出精美的家具，满足不同客户的需求。自动化技术还可以提高生产效率，降低生产成本。

数控加工自动化技术在模具制造领域的应用也非常广泛。模具是生产各种产品的基础，精确的模具加工对产品质量至关重要。数控加工自动化技术能够确保模具的高精度和复杂性，为制造商提供强大的生产支持。

在能源行业中，数控加工自动化技术被用于生产关键的设备和零部件，如涡轮机和发电机组件。通过这项技术，制造商可以确保这些关键部件的高质量和可靠性，支持能源行业的可持续发展。

数控加工自动化技术还被广泛应用于造船业。船舶零部件需要高精度和可靠性，数控加工自动化技术使制造商能够生产出符合行业标准的船舶部件，提高了船舶制造的效率。

（二）自动化技术在不同行业中的应用情况

在制造业，自动化技术在生产线上得到了广泛应用。通过引入工业机器人、数控机床和自动化装配线，制造商能够提高生产效率和产品质量。这些设备不仅可以自动完成复杂的生产工序，还能够实时监控生产过程，确保高质量的产品输出。

在物流和供应链领域，自动化技术显著提升了效率和准确性。自动化仓储系统、配送中心和物流机器人能够快速、准确地处理货物。这些系统可以根据订单自动分拣和打包产品，减少了人工操作的错误和时间。

在医疗保健领域，自动化技术用于辅助诊断、手术和患者护理。医疗机器人能够进行微创手术，提高了手术的精确度。自动化的诊断设备和监护系统可以实时监测患者的健康状况，帮助医生做出快速、准确的决策。

在农业领域，自动化技术正逐渐成为农业生产的重要工具。通过使用自动化的农业机械和传感器，农民可以实现精准农业。这些设备能够自动播种、施肥和收割，提高了农业生产的效率和产量。

在能源行业，自动化技术用于监控和管理能源生产和分配。自动化控制系统可以优化电网运行，提高能源利用效率。在石油和天然气领域，自动化技术被用于勘探、钻井和生产，帮助企业提高产量并降低成本。

在交通运输领域，自动化技术促进了智能交通系统的发展。通过引入智能交通控制和自动驾驶技术，道路交通变得更加高效和安全。自动化技术在航空、铁路和航运领域也得到了广泛应用，优化了交通运营和管理。

在金融行业，自动化技术被广泛应用于银行和投资服务。自动化交易系统可以快速执行交易，提高市场效率。客户服务方面，聊天机器人和自动化客服系统为客户提供即时的支持和服务。

在零售行业，自动化技术正在改变购物体验。自助结账系统和自动化库存管理系统提高了商店的运营效率。个性化推荐系统可以根据顾客的购物习惯提供个性化的购物建议。

在建筑和房地产领域，自动化技术被用于设计、建造和管理建筑物。建筑信息模型（BIM）技术可以帮助建筑师和工程师在设计阶段进行模拟和优化。在建筑施工中，自动化机械和机器人可以提高施工效率。

二、数控加工自动化发展趋势分析

（一）智能化技术的应用

数控加工自动化依赖于先进的编程技术。通过计算机辅助设计和计算机辅助制造，工程师可以设计和优化加工路径。这种精确的编程确保了机器的操作能够按照预先设定的路径和参数执行，从而实现高效、精准的加工。

除了编程技术，数控加工自动化的核心还在于先进的控制系统。现代数控机床通常配备高性能的控制器，能够实时监控和调整加工参数。这种实时监控与调整确保了加工过程的稳定性和精确性，同时还可以根据加工情况进行灵活调整。

在加工过程中，刀具的选择和管理是另一个关键技术点。自动刀具更换系统（ATC）使数控机床能够快速、准确地更换刀具，提高了加工效率。高质量刀具的使用也直接影响到加工质量和效率，因此刀具技术是数控加工自动化的重要组成部分。

测量与检测技术在数控加工自动化中也起到了重要作用。通过引入先进的测量设备，如激光测量仪和三坐标测量机，企业能够在加工过程中实时监测零件的尺寸和形状。这种实时检测确保了加工精度，同时也减少了次品率。

在数控加工自动化的过程中，机床与机器人的结合也是一项重要的技术创新。机器人可以承担一些重复性、危险性或复杂性较高的任务，如上下料、转运、装配等。与数控机床的结合，使生产流程更加灵活和高效。

加工环境的监控和管理技术也是数控加工自动化的重要部分。通过传感器和监控系统，企业能够实时监测加工环境的温度、湿度、振动等参数。这种监控有助于确保加工条件的稳定性，从而提高加工质量。

智能化是数控加工自动化的未来发展方向之一。通过引入人工智能和机器学习技术，数控机床可以实现自我优化和自我调整。机器学习算法可以根据历史数据和实际加工情况进行调整，从而提高加工效率和质量。

人机交互界面（HMI）也是数控加工自动化的重要组成部分。现代数控机床配备了友好的用户界面，使操作员能够轻松设置和监控加工参数。这种界面的直观性和易用性提高了操作员的工作效率。

在能源管理方面，数控加工自动化技术也在不断进步。通过优化加工流程和设备配置，企业可以减少能源消耗，从而降低生产成本。这种节能技术不仅对企业的经济效益有益，也有助于环境的可持续发展。

数控加工自动化技术的持续发展离不开设备维护和管理的技术创新。通过引入预测性维护技术，企业可以根据设备的实际运行状态和历史数据提前预判潜在问题，进行及时维护。这种维护方式不仅延长了设备的寿命，还减少了意外停工的风险。

1. 人工智能在数控加工中的应用

人工智能在数控加工中的应用为制造业带来了巨大的变革。它在多个方面提升了加工过程的效率和质量。通过机器学习和深度学习等技术，数控加工自动化得以实现更精确的控制和更灵活的生产。

在数控加工中，人工智能可以通过数据分析优化加工参数。实时监控加工过程中的数据，并通过算法调整切削速度和进给速度等参数，确保加工质量。

智能监控和诊断是人工智能在数控加工中的重要应用。通过监测刀具磨损、振动和其他加工参数，系统可以及时发现问题，并提出解决方案。

基于人工智能的预测性维护是数控加工的一个重要发展趋势。通过分析历史数据，系统可以预测设备的维护周期，减少意外停机时间。

自动编程是人工智能在数控加工中的另一项重要应用。通过理解工件设计图纸，系统可以自动生成加工程序，减少人为错误。

智能化的刀具管理是数控加工中人工智能的另一个应用领域。通过监控刀具的磨损和使用情况，系统可以自动更换刀具，延长其使用寿命。

在数控加工中，人工智能还可以优化材料管理。通过预测材料需求和供应情况，系统可以确保加工过程中材料的稳定供应。

多传感器数据融合是人工智能在数控加工中的重要应用。通过整合来自不同传感器的数据，系统可以更全面地了解加工过程。

加工过程的质量控制是人工智能在数控加工中的一个关键应用。通过实时分析加工数据，系统可以即时调整加工参数，确保加工质量。

人工智能在数控加工中的应用还体现在加工路径规划上。通过优化路径算法，系统可以找到最优的加工路线，减少加工时间。

高效的工序安排和调度是人工智能在数控加工中的重要应用领域。通过智能调度系统，制造商可以优化加工顺序，提高生产效率。

智能化的可视化操作界面是人工智能在数控加工中的一项重要发展。通过直观的界面，操作员可以更好地监控和控制加工过程。

在数控加工中，人工智能还可以实现定制化生产。通过快速调整生产线，系统可以根据客户需求生产定制化产品。

加工过程中的机器人应用是数控加工中人工智能的重要趋势。通过结合机器人和人工智能，制造商可以实现更高效、更精确的加工过程。

基于云计算的人工智能应用是数控加工的一个新兴趋势。通过利用云计算资源，系统可以实现更强大的计算能力和更高效的加工优化。

在数控加工中，人工智能还可以实现自适应加工。通过实时监测和调整，系统可以根据实际情况优化加工策略，提高生产效率。

预测模型的应用是人工智能在数控加工中的一个重要领域。通过建立预测模型，系统可以预测加工结果，确保加工质量。

在加工过程中的自动化控制是人工智能的重要应用。通过优化控制策略，系统可以实现更稳定的加工过程。

加工过程中的智能质量追溯是人工智能在数控加工中的一个重要应用。通过数据记录和分析，制造商可以追溯产品质量问题。

人工智能还可以优化加工过程中的废料管理。通过分析加工数据，系统可以优化废料处理流程，减少浪费。

2. 机器学习技术在自动化中的发展

机器学习技术在自动化中的发展为数控加工自动化带来了诸多机遇。通过机器学习，系统可以不断优化加工流程。机器学习算法可以分析大量生产数据，发现加工中的模式和趋势，从而优化加工参数。这种数据驱动的方法有助于提高生产效率，并减少材料和能耗的浪费。

机器学习技术在数控加工自动化中实现了预测性维护。通过对设备数据的分析，系统能够提前预测机器的故障或性能下降。这种提前预警的能力帮助制造商减少意外停机时间，并降低维修成本，提高了设备的可靠性。

机器学习还增强了质量控制。通过分析加工后的产品数据，系统可以识别可能存在的质量问题，并进行及时调整。通过这种方式，制造商能够确保产品质量的稳定性，减少次品率。

在数控加工自动化中，机器学习还推动了自适应加工的发展。系统可以根据实际加工情况实时调整参数，以确保加工的最佳性能。这种灵活性提高了加工的精度和效率，适应了多样化的生产需求。

随着人工智能技术的进步，数控加工自动化正逐渐实现更高层次的自主化。自动化系统可能能够自主规划生产流程，进行任务分配和调度。这将进一步提高生产的灵活性和效率。

数控加工自动化的发展趋势之一是与物联网（IoT）技术的结合。通过将数控机床连接到网络，制造商可以实现远程监控和管理。物联网技术还可以帮助制造商实时收集和分析数据，为生产优化提供支持。

另一项发展趋势是云计算的应用。云计算为数控加工自动化提供了强大的计算和存储能力。制造商可以利用云计算进行数据分析、模拟加工流程，并优化生产。这种灵活的计算资源有助于降低制造商的成本。

智能制造是数控加工自动化的重要发展方向。通过整合人工智能、机器学习、物联网和云计算等技术，制造商可以实现全方位的智能生产。这种智能制造模式有助于提高生产效率，降低生产成本。

绿色制造是数控加工自动化的另一个发展趋势。通过采用节能和环保的技术，制造商可以减少对自然资源的消耗，降低废料产生。这不仅有助于保护环境，还可以提高企业的可持续发展能力。

在数控加工自动化中，协作机器人（cobots）的应用逐渐兴起。协作机器人可以与人类工人协同工作，执行重复性任务，提高生产效率。这种协作方式也有助于降低工人的工作强度，提升安全性。

（二）柔性化制造技术的发展

柔性化制造技术以其对生产线的灵活调整能力而闻名。随着市场需求的不断变化，柔性制造系统能够在短时间内适应新的生产要求。这种灵活性有助于制造商迅速调整产品种类和规格，以满足不同客户和市场的需求。

柔性制造技术的发展催生了模块化生产线。通过引入模块化设计，制造商可以根据需要更换和调整生产线上的各个模块。这种灵活性有助于减少生产线的停机时间，提高生产效率。

柔性制造技术与物联网的结合进一步提高了生产线的灵活性。通过物联网技术，生产线上的设备和传感器可以实时通信和协作。这种互联使得制造商能够对生产过程进行更精确的控制和监控。

数控加工自动化的一个显著趋势是智能化。随着人工智能和机器学习技术的发展，数控加工自动化系统能够自我学习和优化。通过对加工数据的分析，系统可以不断调整加工参数，提高加工效率和质量。

另一个重要的发展趋势是数字孪生技术的应用。数字孪生是一种虚拟模型，与实际设备和生产过程相对应。通过数字孪生，制造商可以在虚拟环境中模拟和优化加工过程，减少试错时间和成本。

云计算技术正在成为数控加工自动化发展的关键驱动力。通过将数控加工数据存储和处理在云端，制造商可以实现更高效的数据分析和协作。这种云端连接有助于提高生产线的弹性和可扩展性。

协作机器人在数控加工自动化中的应用也在不断增加。协作机器人可以与人类工人一起工作，完成复杂的加工任务。这种协作不仅提高了生产效率，还增加了工作场所的安全性。

数控加工自动化的未来趋势之一是绿色制造。随着环保要求的日益提高，制造商正努力通过引入更高效的加工技术和设备，减少能源消耗和废料产生。绿色制造有助于降低生产成本并改善环境。

远程监控和维护技术在数控加工自动化中的应用越来越广泛。通过远程监控系统，制造商可以实时查看设备的状态，并在出现问题时及时进行远程维护。这种技术有助于减少停机时间，提高生产线的连续性。

第九章
数控加工的具体应用

第一节　数控加工在航空航天领域的应用

一、数控加工在航空航天领域的应用概述

（一）航空航天工业的发展背景

早期的航空航天工业源于人类对飞行的梦想。20 世纪初，莱特兄弟成功实现了人类首次持续控制的动力飞行，标志着现代航空工业的诞生。此后，航空技术迅速发展，飞机的设计和制造得到了显著的改进。

第二次世界大战期间，航空技术得到了巨大的推动。战争对先进飞机和航空技术的需求极大地促进了研发和生产。在这段时间里，喷气式飞机开始崭露头角，为未来的航空发展奠定了基础。

战后，航空航天工业进入了一个新的时代。冷战期间，美苏两国展开了激烈的太空竞赛。这场竞赛不仅促进了太空技术的发展，还带来了许多科学发现和创新。苏联首先成功发射了人造卫星“斯普特尼克一号”，随后美国成功登月，这些成就为航天技术的发展开辟了新的领域。

商业航空的兴起也推动了航空航天工业的发展。20 世纪 50 年代，商用飞机开始大规模应用，促进了全球交通和贸易的发展。随之而来的是航空制造业的扩张，越来越多的公司开始参与航空制造。

随着科技的不断进步，航空航天工业在材料科学、计算机技术和工程设计等领

域取得了显著突破。新材料的应用使飞机更轻、更耐用，而计算机技术则提高了航空系统的可靠性和安全性。

国际合作成为航空航天工业发展的重要趋势之一。世界各国在太空探索和航空制造方面展开了广泛的合作，例如国际空间站项目就是多国联合努力的成果。这种合作不仅促进了技术共享，还推动了全球航天事业的发展。

环保和可持续发展也是近年来航空航天工业发展的重要主题。随着全球对环境保护和气候变化问题的关注，航空航天行业正在积极寻求更环保、更高效的技术，例如电动飞机和可持续燃料等。

近年来，航空航天工业也经历了商业化和私有化的浪潮。商业太空旅行和商业卫星发射成为新的发展领域，吸引了大量投资。这一趋势有助于推动技术创新，并促进了航天领域的普及。

航空航天工业的发展还受到了政策和法规的影响。各国政府在航空航天领域制定了各种政策和法规，以确保安全、促进创新。这些政策为行业的发展提供了框架，也为企业和研究机构带来了机遇和挑战。

（二）数控加工技术在航空航天领域的地位和作用

数控加工技术在航空航天领域发挥着至关重要的作用。它在制造复杂、高精度的航空部件和航天器结构方面具有广泛应用。通过先进的数控加工技术，航空航天行业能够满足严苛的制造要求。航空航天领域对部件的重量和强度要求非常高。数控加工技术能够实现精确的材料去除和加工，使部件在保持强度的同时最大限度地减轻重量。

高精度是航空航天制造的一个关键要求。数控加工技术通过精确控制机床的运动轨迹，能够生产出复杂而精密的航空部件。加工复杂形状的部件是数控加工技术在航空航天领域的一项重要优势。通过多轴联动机床，制造商可以加工出复杂的曲面和结构。在航空航天领域，材料的利用率和加工效率至关重要。数控加工技术能够通过优化加工工艺，提高材料利用率，减少加工时间。

自动化装置在数控加工技术中起着重要作用。通过机械臂和传送带等设备，自动化系统可以快速而准确地完成工件的搬运和定位。高效的工艺规划是数控加工技术在航空航天领域的一项重要优势。通过先进的工艺规划系统，制造商可以优化生产流程，提高效率。数控加工技术在航空航天领域还涉及到质量控制和检测。通过实时监控加工参数，系统可以确保加工质量的稳定性和一致性。

制造商在航空航天领域面临着严格的标准和规范。数控加工技术能够通过精确加工和质量控制，确保产品符合行业标准。定制化生产是航空航天制造的一个重要特点。数控加工技术能够根据不同的设计需求，生产出定制化的航空部件。加工过程中材料的冷却和润滑是数控加工技术的一个关键方面。通过合理的冷却和润滑，系统可以确保加工过程的稳定性。

数控加工技术在航空航天领域还可以与其他制造技术相结合，如增材制造。通过混合制造技术，制造商可以生产出更复杂的部件。在加工大型航空部件时，数控加工技术的稳定性和可靠性尤为重要。通过严格的工艺控制，系统可以确保加工过程的安全和质量。数控加工技术在航空航天领域的应用还体现在加工路径规划上。通过优化路径算法，系统可以找到最优的加工路线，提高效率。

加工大型结构和复合材料是数控加工技术在航空航天领域的重要应用。通过精确控制机床和加工参数，制造商可以生产出高质量的航空部件。数控加工技术在航空航天领域还可以实现自动化生产线。通过智能化的生产线，制造商可以提高生产效率并确保产品质量。高效的材料管理和供应链是数控加工技术在航空航天领域的一个重要方面。通过优化材料管理，制造商可以确保材料供应的稳定性。

数控加工技术在航空航天领域还可以应用于维修和维护。通过精确加工，系统可以修复受损部件，延长其使用寿命。在航空航天领域，数控加工技术还可以实现零件的快速制造。通过高效的加工工艺，制造商可以缩短生产周期，满足市场需求。数控加工技术在航空航天领域的未来发展趋势包括智能化和数字化。通过引入人工智能和云计算等技术，数控加工将变得更加高效和智能。

1. 数控加工在航空航天制造中的应用范围

数控加工在航空航天制造中发挥着至关重要的作用，涵盖了多个应用范围。它在飞机零部件制造中得到了广泛的应用。飞机结构复杂，需要高精度的零部件，如机身、机翼、起落架和发动机零部件。数控加工技术能够确保这些零部件的高精度和一致性。

数控加工在航天器制造中同样具有重要地位。航天器的零部件要求极高的精度和可靠性，以确保航天任务的成功。通过数控加工，制造商能够生产出符合严格标准的航天器零部件，如卫星外壳和推进系统部件。

数控加工还被广泛应用于涡轮发动机制造。涡轮发动机是航空航天领域的重要动力装置，其零部件复杂且精细。数控加工技术能够处理各种高温合金和复合材料，确保涡轮发动机的高性能和可靠性。

在航空航天制造中，复合材料加工是数控加工的另一个重要应用。复合材料具有轻质高强的特点，被广泛应用于航空航天结构中。数控加工技术能够精确切割和成型复合材料，为航空航天制造提供优质的零部件。

数控加工在精密仪器制造中也发挥着重要作用。航空航天领域需要大量的精密仪器，如导航设备、传感器和控制系统。这些仪器需要高度精确的加工和装配，数控加工技术能够满足这一需求。

数控加工还在航空航天领域的模具制造中得到了应用。模具是生产各种零部件的基础，其精度和质量直接影响到产品的性能和可靠性。数控加工技术能够生产出高质量的复杂模具，为航空航天制造提供支持。

在航空航天制造中，数控加工还被用于生产机载系统和部件。这些系统和部件包括通信设备、雷达和其他电子系统。数控加工技术能够确保这些系统和部件的精度和稳定性，支持航空航天任务的顺利进行。

数控加工还在航空航天制造中的维修和翻新方面发挥作用。飞机和航天器需要定期维修和翻新，以确保其安全和可靠性。数控加工技术能够生产出符合原始规格的零部件，为维修和翻新提供支持。

在航空航天制造中，数控加工技术还被用于生产高精度的工具和工装。这些工具和工装用于支持生产过程，提高生产效率和质量。数控加工技术能够确保这些工具和工装的高精度和耐用性。

2. 数控加工技术对航空航天产品质量和效率的影响

数控加工技术在航空航天行业中对产品质量和效率产生了深远的影响。通过先进的加工技术，航空航天制造商能够生产出高质量、高精度的零部件，满足严格的行业标准。

数控加工技术在航空航天领域最为显著的影响之一是提高了产品的质量。通过计算机控制的精确加工，制造商能够生产出复杂、精细的零部件。这些零部件在形状、尺寸和表面质量上都能满足严苛的设计要求，从而确保航空航天产品的可靠性和性能。

数控加工技术提升了航空航天产品的生产效率。传统加工方式通常需要多次调整设备和更换刀具，耗时且复杂。而数控加工通过自动化的操作和灵活的编程，可以快速切换不同的加工任务，大大减少了生产周期。

数控加工技术还增强了航空航天产品的材料利用率。在航空航天领域，材料通常是高成本、高性能的。通过精确控制加工过程，数控技术能够最大限度地减少材料浪费，降低生产成本。

数控加工技术有助于提高航空航天产品的设计复杂性。通过数控加工，制造商能够制造出具有复杂几何形状的零部件。这种设计灵活性有助于提高产品的性能，满足航空航天行业的创新需求。

数控加工技术在航空航天制造中还发挥了重要的质量控制作用。通过实时监控加工过程中的参数，如位置、速度和温度，制造商可以确保每个零部件都符合设计规范。这种监控有助于减少缺陷和返工，提高生产效率。

先进的数控加工技术支持多轴加工，使得制造商能够在一个工序中完成多面加工。这种能力大大提高了加工效率，同时也减少了零部件的搬运和装夹次数。

数控加工技术还促进了航空航天产品的轻量化设计。通过精确加工，制造商可以生产出薄壁结构和轻质材料的零部件。这种轻量化设计有助于提高航空航天产品的性能和燃油效率。

数字化和模拟技术在数控加工中起到了关键作用。通过数字化设计和模拟，制造商可以在实际加工之前对零部件进行预演和优化。这种技术减少了试错时间，确保了加工过程的顺利进行。

数控加工技术的应用使得航空航天制造商能够更好地应对全球市场的竞争。通过提高生产效率和产品质量，制造商可以保持竞争优势，满足全球航空航天市场的需求。

二、数控加工在航空航天领域的具体应用分析

（一）航空发动机零部件加工

数控加工技术在航空航天领域的应用极为广泛，特别是在航空发动机零部件加工方面，它发挥着关键作用。以下是对数控加工在航空发动机零部件加工中的具体

应用的详细分析。

数控加工在航空发动机零部件制造中的应用提高了零部件的加工精度。航空发动机需要高度精确的零部件，以确保其在高温高压环境下的稳定运行。数控加工通过计算机控制的精确定位和切削，实现了零部件的高精度加工。

航空发动机零部件通常采用高强度、高耐热的材料，如钛合金和高温合金。数控加工能够有效处理这些难加工材料，通过优化切削参数和使用适合的刀具，提高加工效率和质量。这对航空发动机的性能和寿命至关重要。

在航空发动机零部件加工中，复杂的几何形状是常见的挑战之一。数控加工通过多轴联动的方式，能够精确地加工出复杂的零部件。这种灵活性使得制造商能够满足航空发动机设计的严格要求，确保零部件的质量和性能。

高效的加工时间是数控加工在航空发动机零部件加工中的另一项优势。通过自动化的加工流程，数控机床可以连续运转，减少了人为干预和加工时间。这种高效的生产方式降低了成本，提高了生产效率。

数控加工在航空发动机零部件制造中还表现出高度的重复性和一致性。由于机器按照预先设定的程序进行加工，每个零部件的规格和质量都能够保持一致。这种一致性有助于确保航空发动机的可靠性和安全性。

在加工过程中，数控机床配备了先进的测量与检测设备，如三坐标测量机和激光测量仪。通过实时监测零部件的尺寸和形状，制造商可以确保零部件的加工精度。这种实时检测减少了次品率，提高了生产质量。

航空发动机零部件加工中的刀具管理和选择也是数控加工的关键应用之一。自动刀具更换系统（ATC）使数控机床能够快速、更换刀具，提高了加工效率。合适的刀具选择和管理也直接影响到加工质量和效率。

在数控加工中，刀路规划和优化技术是确保高效加工的重要因素。通过计算机辅助设计和计算机辅助制造软件，工程师可以设计出最优的加工路径。这种精确的规划有助于提高加工效率，减少加工时间。

智能化技术在航空发动机零部件加工中的应用不断增加。通过引入人工智能和机器学习技术，数控机床可以从历史数据和当前加工情况中学习，并进行自我优化。这种智能化的应用提高了加工质量和生产效率。

数控加工在航空发动机零部件制造中还需要考虑环保和可持续发展。通过优化加工流程和设备配置，制造商可以减少能源消耗和材料浪费。这种节能技术不仅有助于降低生产成本，还符合航空航天领域对环保的要求。

（二）航空航天结构件加工

数控加工在航空航天领域的具体应用主要集中在复杂结构件和高精度部件的制造上。通过先进的数控加工技术，制造商可以生产出符合严苛标准的航空航天结构件。

飞机机身和机翼是航空航天领域中的关键结构件。数控加工技术能够加工出复杂的外形和内部结构，为飞机提供轻质、高强度的支撑。

在航空发动机制造中，数控加工发挥着重要作用。通过多轴数控机床，制造商可以加工出复杂的涡轮、叶片和其他精密部件。

导弹和火箭的结构件加工需要极高的精度和复杂性。数控加工技术可以确保部件的加工质量和尺寸准确性。

轻质材料如铝合金和钛合金在航空航天领域广泛应用。数控加工技术能够通过精确控制切削和铣削过程，确保材料的质量和强度。

飞机起落架是航空航天结构件中的重要组成部分。数控加工技术能够确保起落架的精度和强度，以满足飞机的安全和稳定要求。

数控加工在航天器结构件制造中同样发挥着重要作用。通过精确加工和质量控制，制造商可以生产出高质量的航天器部件。

卫星和通信设备的结构件需要高精度和轻质材料。数控加工技术能够满足这些要求，确保卫星的稳定运行。

在航空航天领域，数控加工还可以与增材制造技术相结合。通过混合制造，制造商可以生产出更加复杂和定制化的部件。

多轴数控机床在航空航天结构件加工中起着关键作用。它们可以加工出复杂的曲面和结构，满足航空航天制造的需求。

复合材料是航空航天领域的重要材料。数控加工技术可以加工出精细的复合材料部件，为飞机和航天器减轻重量。

无人机的结构件加工需要高精度和轻质材料。数控加工技术能够确保无人机部件的质量和性能。

在加工大型航空航天结构件时，数控加工技术的稳定性和可靠性尤为重要。通过严格的工艺控制，系统可以确保加工过程的安全和质量。

机载雷达和导航系统的结构件需要高精度和复杂形状。数控加工技术能够满足这些要求，确保设备的正常运行。

数控加工技术在加工大型航天器结构件时具有显著优势。通过高精度的加工，制造商可以确保部件的尺寸和形状准确。

加工过程中的质量控制是数控加工在航空航天领域的重要应用。通过实时监控加工参数，系统可以确保加工质量的一致性。

自动化生产线在航空航天领域的结构件加工中起着重要作用。通过智能化的生产线，制造商可以提高生产效率，确保产品质量。

在航天器的结构件加工中，数控加工技术可以实现零件的快速制造。通过高效的加工工艺，制造商可以缩短生产周期。

飞机发动机外壳和支架的加工需要高精度和复杂结构。数控加工技术能够确保这些部件的质量和性能。

数控加工技术在航空航天领域还可以应用于维修和维护。通过精确加工，系统可以修复受损部件，延长其使用寿命。

第二节　数控加工在汽车制造领域的应用

一、数控加工在汽车零部件制造中的应用

（一）车身零部件的数控加工应用

车身零部件的数控加工应用在汽车制造业中发挥着关键作用。数控加工技术在车身结构件的生产中起到了至关重要的作用。这些结构件包括车门、车顶、车身侧面板和后备箱盖等。数控加工技术能够确保这些部件的精确尺寸和形状，提高汽车的安全性和整体性能。

数控加工在车身零部件的表面处理中同样发挥着重要作用。车身零部件需要进行表面处理以增强其耐腐蚀性和美观性。数控加工技术可以通过精确切削和磨削来实现复杂表面造型，为零部件提供光滑、美观的外观。

在车身零部件的连接件生产中，数控加工技术也得到了广泛应用。这些连接件

包括螺栓、铆钉和焊接接头等。通过数控加工技术，制造商可以生产出符合标准的连接件，确保车身零部件的可靠连接。

数控加工技术在车身零部件的铸件加工中也发挥着重要作用。汽车制造中使用的铸件，如发动机支架和悬挂系统部件，需要高精度的加工以确保其性能和可靠性。数控加工技术能够处理铸件的复杂几何形状，提高其质量。

数控加工技术在车身零部件的冲压模具制造中同样得到了广泛应用。冲压模具是生产车身零部件的重要工具，其精度和质量直接影响到零部件的生产效率和质量。数控加工技术能够制造出高精度、耐用的冲压模具。

数控加工在车身零部件的轻量化设计中起到关键作用。通过数控加工技术，制造商可以加工出使用轻质材料的车身零部件，如铝合金和复合材料。这种轻量化设计有助于提高汽车的燃油效率和性能。

在车身零部件的精密装配中，数控加工技术也发挥着重要作用。精密加工的零部件能够实现精确的配合和装配，确保车身结构的强度和稳定性。数控加工技术为零部件的高精度装配提供了坚实的基础。

数控加工还在车身零部件的维修和翻新中发挥着重要作用。汽车在使用过程中可能出现车身零部件的损坏或磨损。数控加工技术能够生产出符合原始规格的零部件，为维修和翻新提供支持。

在车身零部件的测试和质量控制中，数控加工技术也发挥着重要作用。通过数控加工的精确测量和加工，制造商能够确保零部件的尺寸和形状符合设计标准，提高产品质量。

（二）发动机零部件的数控加工应用

数控加工在发动机零部件生产中发挥着至关重要的作用，为航空和汽车等领域的发动机制造商提供了高质量、高精度的零部件。这种技术的应用显著提高了生产效率和产品性能。

数控加工技术在发动机零部件生产中提高了精度和一致性。通过计算机控制的加工系统，制造商能够生产出尺寸和形状精确的零部件。这些零部件在发动机的装配过程中可以无缝匹配，确保了整体性能的稳定性。

数控加工技术支持复杂形状和特征的生产。发动机零部件通常具有复杂的几何形状和特殊特征，如气道、叶片和涡轮。这些复杂特征通过数控加工技术得以精确呈现，满足了发动机设计的要求。

在发动机零部件生产中，材料利用率至关重要。数控加工技术通过精确控制加工过程，最大限度地减少材料浪费。这不仅降低了生产成本，还对环境产生积极影响。

数控加工还提高了发动机零部件生产的效率。通过自动化的加工操作和多轴加工能力，制造商能够快速完成多面加工。这种能力减少了生产周期，提升了生产线的整体效率。

先进的数控加工技术还支持刀具和加工参数的自动化管理。在发动机零部件生产中，刀具的选择和维护对加工质量至关重要。自动化的刀具管理系统能够根据加工需求选择最合适的刀具，并实时监控刀具的状态。

数控加工技术在发动机零部件生产中还促进了质量控制。通过实时监控加工过程中的参数，如温度、压力和位置，制造商可以及时发现并解决问题，确保零部件的高质量。

在发动机零部件的生产中，数控加工技术的应用还支持轻量化设计。通过精确加工薄壁结构和轻质材料，制造商可以生产出更轻的零部件，提高发动机的效率和性能。

数控加工技术还支持数字化设计和模拟。通过数字化设计，制造商可以提前规划零部件的生产流程，并在虚拟环境中进行模拟。这种技术有助于优化加工过程，减少试错时间。

在发动机零部件的维修和翻新过程中，数控加工技术也发挥着重要作用。通过精确加工磨损或损坏的零部件，制造商可以延长发动机的使用寿命，降低维护成本。

1. 曲轴、连杆等零部件加工

曲轴作为发动机的核心零部件之一，其加工需要极高的精度和复杂的形状。数控加工技术可以通过多轴联动的方式，对曲轴的各个部分进行精确加工。这包括曲轴的主轴颈和连杆颈的加工，通过控制切削参数和刀具路径，实现高精度和高质量的加工。

连杆作为发动机的重要传动部件，对其加工质量和强度有严格要求。数控加工技术可以确保连杆加工的精度和一致性。通过合理设计加工路径和优化刀具选择，连杆的表面粗糙度和尺寸精度得到有效保障，从而提高发动机的性能和寿命。

在曲轴和连杆加工过程中，数控加工还提供了快速和高效的生产方式。自动化加工流程使机器能够连续运转，减少了加工中的停机时间。这种高效的生产方式有助于降低制造成本，提高生产效率。

多轴数控机床的应用进一步拓宽了曲轴和连杆的加工能力。通过多轴联动，数控机床能够在一次装夹中完成多个加工步骤。这种加工方式减少了零部件的搬运和装夹时间，提升了加工效率。

曲轴和连杆加工中的刀具选择和管理是数控加工的关键部分。自动刀具更换系统（ATC）使数控机床能够根据加工需求快速更换刀具。这种灵活的刀具管理提高了加工效率，并确保加工质量。

在加工过程中，数控机床配备了先进的测量和检测设备，如三坐标测量机和激光测量仪。通过实时监测零部件的尺寸和形状，制造商可以确保曲轴和连杆的加工精度。这种实时检测减少了次品率，提高了生产质量。

加工路径规划和优化技术在曲轴和连杆加工中发挥着重要作用。通过计算机辅助设计和计算机辅助制造软件，工程师可以设计出最优的加工路径。这种精确的规划提高了加工效率，减少了加工时间。

智能化技术在曲轴和连杆加工中的应用日益显著。人工智能和机器学习算法可以帮助数控机床根据历史数据和当前加工情况进行自我优化。这种智能化的应用提高了加工质量和生产效率。

环保和可持续发展是曲轴和连杆加工中的重要考虑因素。数控加工通过优化加工流程和设备配置，减少了能源消耗和材料浪费。这种节能技术符合现代制造业的环保要求。

2. 气缸盖、气缸体等部件加工

发动机零部件的数控加工在汽车制造领域具有重要作用，特别是在加工气缸盖和气缸体等关键部件方面。数控加工技术为这些复杂部件提供了高精度、高效率的加工手段。

气缸盖是发动机的重要组成部分，负责封闭气缸并保持其内部压力。数控加工技术可以精确加工气缸盖的复杂结构，如气门座、火花塞孔和冷却通道。

气缸体是发动机的核心部分，承载着活塞的运动和爆发力。数控加工技术能够确保气缸体的加工精度，包括气缸孔、曲轴箱和润滑通道等。

在加工气缸盖和气缸体时，材料的选择至关重要。数控加工技术能够处理不同类型的材料，如铝合金、铸铁和钢材等，满足发动机部件的性能要求。

加工过程中，数控加工技术可以精确控制切削深度和速度，确保加工表面粗糙度和精度。这对发动机部件的性能和寿命至关重要。

活塞是发动机的关键部件之一，负责在气缸内进行往复运动。数控加工技术可以精确加工活塞的外形和尺寸，确保其在气缸内的顺畅运行。

曲轴是发动机的核心部件之一，负责将活塞的往复运动转化为旋转运动。数控加工技术能够精确加工曲轴的轴颈和连杆颈，确保其平衡性和稳定性。

气门是发动机的关键零部件，负责控制进气和排气。数控加工技术可以精确加工气门的形状和尺寸，确保其在气缸盖中的密封性能。

连杆连接活塞和曲轴，负责将活塞的运动传递给曲轴。数控加工技术能够精确加工连杆的长度和连接孔，确保其强度和耐用性。

数控加工技术在发动机零部件加工中还可以应用于凸轮轴的加工。通过精确加工凸轮轴的轮廓和曲线，系统可以确保发动机的气门动作准确。

加工发动机零部件时，数控加工技术需要确保加工过程的稳定性。通过实时监控加工参数，系统可以确保加工质量和一致性。

发动机零部件的加工还涉及复杂结构的加工，如涡轮增压器和废气再循环系统。数控加工技术能够满足这些复杂结构的加工要求。

在加工发动机零部件时，数控加工技术需要考虑部件的组装和配合。通过精确加工，系统可以确保零部件的互换性和装配精度。

数控加工技术在发动机零部件加工中的应用还体现在质量控制和检测。通过实时监控加工参数，系统可以确保加工质量的稳定性。

多轴数控机床在发动机零部件加工中起着重要作用。它们可以加工出复杂的形状和结构，满足发动机部件的制造需求。

数控加工技术在发动机零部件加工中的应用还包括自动化生产线。通过智能化的生产线，制造商可以提高生产效率，确保产品质量。

在加工发动机零部件时，数控加工技术需要考虑材料的利用率。通过优化加工工艺，系统可以减少材料浪费，提高经济效益。

数控加工技术在发动机零部件加工中的应用还可以与增材制造技术相结合。通过混合制造，制造商可以生产出更加复杂和定制化的部件。

在加工大型发动机零部件时，数控加工技术的稳定性和可靠性尤为重要。通过严格的工艺控制，系统可以确保加工过程的安全和质量。

二、数控加工在汽车整车制造中的应用

（一）车身焊接和装配

车身焊接和装配是汽车整车制造中的关键环节，而数控加工技术在这些环节中发挥着重要作用。数控加工技术在车身焊接工艺中的应用，提高了焊接的精度和效率。通过数控控制的焊接机器人和设备，制造商能够实现精确的焊接路径和焊接参数，从而确保车身结构的牢固和安全。

数控加工技术在车身装配中提供了关键的支持。自动化装配线利用数控技术进行零部件的精准定位和安装。数控系统控制的装配机器人和设备能够快速、准确地完成车身零部件的装配，提高生产效率。

数控加工技术在车身装配过程中还起到质量控制的作用。通过实时监控和调整，数控系统能够确保装配过程中各个零部件的精确配合。这有助于提高车身结构的稳定性和安全性，确保整车的质量。

在车身焊接工艺中，数控加工技术可以支持多种焊接方式，如点焊、弧焊和激光焊接等。这些不同的焊接方式可以根据车身零部件的材料和形状进行选择，以确保焊接质量和效率。

数控加工技术还支持车身装配过程中的柔性制造。通过灵活的数控系统，制造商可以在同一条生产线上生产不同车型的车身。这种柔性制造方式能够快速响应市场需求，提高生产的灵活性。

数控加工技术在车身装配中还帮助提高了生产的自动化水平。自动化装配线上的数控设备能够执行复杂的装配任务，如安装车门、车窗和座椅等。这不仅提高了生产效率，还降低了人工成本。

在车身焊接过程中，数控加工技术还支持多种材料的焊接，如钢、铝和复合材料等。数控系统能够根据不同材料的特性进行焊接参数的调整，确保焊接质量和强度。

数控加工技术在车身装配过程中还支持检测和校准。通过数控系统控制的检测设备，制造商能够实时监控装配过程中的误差，并进行及时校准。这有助于确保车身装配的精度和质量。

车身焊接和装配中的数控加工技术还支持智能制造的发展。通过与物联网和云计算的结合，制造商可以实现生产数据的实时监控和分析。这有助于优化生产流程，提高生产效率和质量。

（二）汽车整车装配中的数控加工应用

汽车整车装配中的数控加工是现代制造技术的重要组成部分。数控加工技术通过计算机控制机床进行自动化加工，不仅提高了生产效率，而且保证了零件的精度和质量。

数控加工在汽车整车装配中起到了关键的作用。它能够精确地加工各种复杂形状的零件，如发动机缸体、转向齿轮和刹车盘等。这些零件的精度直接影响到汽车的性能和安全性，因此数控加工在提高汽车质量方面起到了决定性的作用。

数控加工技术提供了更高的生产效率和灵活性。相比传统的手工或半自动加工方法，数控加工能够快速地完成大批量的生产任务，并且能够轻松地适应不同的生产需求。这不仅缩短了生产周期，而且降低了生产成本，使得汽车制造商能够更加灵活地应对市场变化。

数控加工还能够提高零件的一致性和可靠性。由于加工过程完全由计算机控制，所以每个零件都能够达到相同的精度和质量标准。这有助于减少因零件不一致或质量不达标而导致的故障和维修问题，从而提高汽车的可靠性和持久性。

数控加工还促进了汽车设计和制造的创新。设计师可以利用数控加工技术制造出更加复杂和精细的零件，从而实现更加先进和高效的汽车设计。这种创新性的制造方法使得汽车制造商能够推出更加符合消费者需求和市场趋势的新车型，从而保持竞争力。

随着技术的不断进步，数控加工在汽车整车装配中的应用将更加广泛。随着人工智能、大数据和云计算等技术的融合，数控加工将进一步提高其自动化、智能化和柔性化的特点，为汽车制造业带来更多的机会和挑战。

第三节　数控加工在模具制造领域的应用

一、数控加工在模具设计与制造的应用

（一）模具设计软件与数控编程

模具设计软件在制造业中扮演着关键的角色。这些软件能够通过计算机辅助设计技术，帮助工程师们快速、准确地创建各种类型的模具。与传统的手工设计相比，模具设计软件能够大大提高设计效率，减少设计错误，并且使得设计过程更加灵活和可控。通过使用这些软件，工程师可以轻松地进行模型的三维建模、分析和优化，从而确保最终的模具设计符合预期的要求。

数控编程是将设计好的模具转化为实际加工过程的关键环节。数控编程通过将模具设计转化为机器能够理解和执行的指令，实现了自动化的生产过程。在数控编程中，工程师需要根据模具设计的几何特征和加工要求，编写相应的加工程序，并将其加载到数控机床上进行加工。相比手工编程，数控编程能够大大提高加工的精度和稳定性，减少人为因素对加工质量的影响，同时也能够实现加工过程的高度自动化和智能化。

模具设计软件和数控编程的结合应用进一步提升了制造业的整体水平。通过将模具设计软件与数控编程系统进行集成，可以实现从模具设计到加工的无缝连接，使得整个生产过程更加高效和可控。工程师可以通过模具设计软件直接生成数控编程所需的加工代码，避免了手工编程中可能出现的错误和烦琐的工作。这种集成应用不仅提高了生产效率，还能够降低生产成本，同时也有助于提高产品的质量和一致性。

（二）模具结构设计与加工参数确定

模具结构设计是确保产品质量和生产效率的基础。在数控加工中，模具结构设计必须考虑到产品的几何形状、材料特性以及使用环境等因素。合理的结构设计可以有效提高模具的使用寿命和生产效率，降低生产成本。因此，设计师需要充分了

解产品的设计要求，并运用 CAD 软件进行模拟和优化，以确保模具结构设计的准确性和可靠性。

加工参数的确定对模具制造过程至关重要。数控加工技术通过精确控制加工参数，如切削速度、进给速度、切削深度等，实现高效精确的加工。在确定加工参数时，需要考虑到模具材料的硬度、切削工具的材料和形状、加工设备的性能等因素。合理的加工参数可以确保模具加工过程稳定可靠，同时最大限度地提高加工效率和加工质量。

数控加工技术为模具制造提供了更高的精度和灵活性。相比传统加工方法，数控加工具有更高的精度和重复性，能够满足复杂模具的加工要求。数控加工还具有自动化程度高、生产效率高的特点，可以大大缩短模具制造周期，提高生产效率。因此，在模具制造领域广泛应用数控加工技术已成为行业发展的必然趋势。

需要注意的是，数控加工在模具制造中的应用仍面临着一些挑战。加工精度受到加工设备和切削工具的限制，加工效率受到加工参数的影响。因此，需要不断优化加工设备和加工工艺，提高数控加工的精度和效率，以满足模具制造的需求。

二、数控加工在模具表面处理的应用

（一）电火花加工技术在模具制造中的应用

电火花加工（EDM）技术在模具制造中扮演着至关重要的角色。EDM 技术通过高频电脉冲放电的方式，能够精确地加工出各种形状和复杂度的工件，尤其适用于硬质材料如硬质合金、硬质钢等的加工。这使得在模具制造过程中，无论是对模具的轮廓、内腔还是特殊形状的加工，EDM 技术都能够提供高精度和高效率的加工手段。

EDM 技术在模具制造中的应用还体现在其能够克服传统加工方法难以达到的局限性。对于具有复杂内腔结构的模具，传统的加工方法可能无法满足要求，而采用 EDM 技术则能够轻松地实现内外形状的一体加工，大大提高了模具制造的灵活性和效率。

除此之外，EDM 技术在模具制造中还具有非常重要的修复和修整功能。由于模具在使用过程中可能会出现磨损、变形或者损坏等问题，传统的修复方法往往难以满足高精度和复杂形状的要求。而采用 EDM 技术进行修复，则可以精确地修整模具表面，恢复其原有的几何形状和尺寸，从而延长模具的使用寿命，减少了因模具损坏而带来的生产停工和成本损失。

EDM 技术还能够在模具制造中实现微细加工和特殊表面处理。随着现代工业对产品精密度和表面质量要求的不断提高，微细加工和特殊表面处理已经成为模具制造中的重要需求。而 EDM 技术以其高精度、无接触的加工特点，可以实现对模具表面的微观加工，如微孔加工、微凸台加工等，同时还可以实现对模具表面的特殊处理，如光学抛光、拉丝处理等，从而满足了模具制造中对于产品质量和外观的高要求。

（二）磨削和抛光工艺的数控加工应用

磨削和抛光是数控加工中的重要工艺，它们在各种制造行业中都有广泛的应用，尤其在精密零件和高表面质量要求的产品生产中。数控加工技术在磨削和抛光工艺中的应用，不仅提高了加工效率，还大大提高了产品的质量和一致性。

数控磨削技术通过计算机精确控制磨削过程，实现了高精度和高效率的加工。与传统的手工磨削相比，数控磨削能够确保每个工件都能达到预定的尺寸和表面粗糙度要求。这种精确的加工控制不仅提高了零件的质量，而且减少了材料的浪费，降低了生产成本。

数控抛光技术在提供高品质表面处理方面也表现出色。通过精确控制抛光头和工件的相对运动，数控抛光能够实现均匀、一致的表面粗糙度，减少划痕和瑕疵。这对于高端汽车、航空和医疗设备等领域的零件尤为重要，因为它们的外观质量直接影响到产品的整体形象和市场竞争力。

数控加工在磨削和抛光工艺中还能实现复杂形状和结构的加工。通过使用多轴数控机床和先进的加工策略，数控加工可以有效地处理各种复杂的内外轮廓、孔和凹槽，实现更加精细和复杂的加工需求。这为制造商提供了更大的设计自由度，使得他们能够创造出更具创新性和独特性的产品。

除此之外，数控加工在磨削和抛光过程中还能实现自动化生产。通过与自动化设备和传感器的集成，数控磨削和抛光系统能够实现工件的自动装夹、自动修正和自动检测，大大提高生产效率和一致性。这不仅减少了人工干预的需要，而且提高了生产线的稳定性和可靠性。

随着数控加工技术的不断发展和完善，磨削和抛光工艺在制造业中的应用将更加广泛。预计未来数控磨削和抛光系统将更加智能化和柔性化，能够适应更多种类的材料和加工需求，为制造商提供更多的选择和机会。

第四节　数控加工在医疗器械领域的应用

一、医疗器械设计与制造

（一）数控加工在医疗器械设计过程中的应用

数控加工在医疗器械设计过程中的应用正逐渐展现出其巨大的潜力和价值。医疗器械的设计和制造是一个高度精密和严谨的过程，需要确保产品的安全性、有效性和适用性。数控加工技术正通过其高精度、高效率和灵活性，为医疗器械设计带来革命性的变革。

数控加工能够实现医疗器械的精确制造。由于医疗器械往往需要具备高精度的几何形状和微小的尺寸特征，传统的手工加工很难满足这些要求。而数控加工技术则能够通过计算机控制精确地执行加工任务，确保医疗器械的每一个细节都能够达到设计要求。这种高度的精确性不仅有助于提高医疗器械的性能和功能，还能够确保其安全可靠，减少患者和医护人员的风险。

数控加工提供了医疗器械设计的灵活性。随着医疗技术的不断进步和患者需求的多样化，医疗器械的设计也需要不断地进行调整和优化。数控加工技术通过其高度自动化和可编程性，使得医疗器械的设计和生产过程更加灵活和适应性强。设计师可以根据不同的需求和应用场景，快速地调整加工参数和程序，实现医疗器械的个性化和定制化。

数控加工能够提高医疗器械的生产效率。医疗器械的制造往往需要高度的精确性和细致的加工，传统的手工加工过程往往耗时且效率低下。而数控加工技术通过其高速的加工能力和自动化的操作，大大提高了医疗器械的生产速度和效率。这不仅有助于缩短产品的上市时间，还能够降低生产成本，提高制造企业的竞争力。

数控加工也为医疗器械的研发和创新提供了强大的技术支持。通过数控加工技术，设计师和工程师可以快速地制造出各种原型和样品，进行产品测试和验证。这种快速原型制造技术不仅有助于加速医疗器械的研发过程，还能够降低研发成本，使得更多的创新和新技术得以实现。

（二）数控加工在医疗器械制造工艺中的应用

数控加工技术在医疗器械制造工艺中的应用日益广泛，它为医疗器械的制造提供了更高的精度和效率。在医疗器械制造中，精度和质量是关键，因为任何小的误差都可能对患者的健康造成严重影响。数控加工通过其高精度和重复性的特点，能够满足医疗器械制造对精度和质量的严格要求。

数控加工技术为医疗器械制造提供了更加灵活的生产方式。医疗器械的设计和制造往往需要快速响应市场需求和医学研究的进展。数控加工系统通过简单地修改程序，就能适应不同的产品设计和制造要求。这种灵活性使得医疗器械制造商能够更加迅速地推出新产品，满足市场和医学的需求。

数控加工技术能够实现医疗器械的复杂结构和精细加工。许多医疗器械，如人工关节、植入物等，都具有复杂的几何形状和微小的结构特征。传统的加工方法很难满足这些复杂和微小的加工要求，而数控加工技术则能够精确控制切削工具的运动轨迹，实现复杂结构和微小特征的精细加工。

数控加工技术还能提高医疗器械制造的生产效率。通过自动化的加工过程，可以减少人为干预，降低人工错误的风险，提高生产效率和加工质量。这不仅能够缩短生产周期，降低生产成本，还能确保医疗器械的一致性和可靠性，提高患者的治疗效果和安全性。

数控加工在医疗器械制造工艺中的应用也面临一些挑战。医疗器械的材料选择、表面处理和装配等环节对加工精度和质量有着严格的要求。医疗器械的生产环境和质量控制也需要考虑人体健康和安全的因素。因此，数控加工技术在医疗器械制造中的应用需要综合考虑材料科学、机械工程、医学等多个领域的知识和技术。

二、医疗器械零部件的加工与制造

（一）数控加工在医疗器械零部件加工中的应用

数控加工技术在医疗器械零部件加工中展现了其强大的应用价值。数控加工系统能够根据预设的程序自动进行高精度加工，这使得在医疗器械制造中，各种精密和复杂的零部件，如植入器件、手术工具等，都可以得到准确无误的加工，确保产品的质量和性能达到医疗标准和需求。

数控加工技术在医疗器械零部件加工中的另一个显著优势是其加工效率和生产灵活性。相较于传统的手工或半自动加工方法，数控加工能够实现连续、稳定和高效的生产。通过合理的加工参数设置和优化的工艺流程，数控机床可以快速地完成从设计到加工的整个过程，大大缩短了生产周期，提高了生产效率，同时也增强了生产线的灵活性和响应速度。

数控加工技术在医疗器械零部件加工中还能够实现复杂形状和微细结构的加工。随着医疗器械技术的不断发展，对于零部件的复杂度和精密度要求也越来越高。数控加工系统通过其高速旋转、精确定位和智能控制，能够轻松地加工出微细的孔、复杂的轮廓和精密的表面，满足医疗器械对于形状和结构的严格要求。

数控加工技术在医疗器械零部件加工中也有助于提高产品的一致性和重复性。在医疗器械制造中，产品的质量和一致性是至关重要的，任何的误差都可能影响到患者的健康和安全。数控加工系统通过其高度自动化和精确控制，能够确保每一件产品都能达到相同的标准和规格，从而保证产品的一致性和重复性。

数控加工技术在医疗器械零部件加工中还能够提供更高的安全性和可靠性。在医疗领域，任何的失误都可能导致严重的后果，因此产品的安全性和可靠性是首要考虑的。数控加工系统通过其智能的故障检测和自我校正功能，能够及时发现和修正加工中的问题，减少因人为或设备原因造成的错误，提高产品的安全性和可靠性。

（二）数控加工在医疗器械组装过程中的应用

数控加工技术在医疗器械组装过程中的应用越来越受到医疗行业的重视。它不仅提高了医疗器械的精度和质量，而且大大提高了生产效率，同时也为医疗器械的创新和发展提供了强有力的技术支持。

数控加工在医疗器械的零部件制造中发挥着关键作用。通过数控机床精确控制的加工过程，能够生产出精度高、尺寸准确的零部件，如外科手术钳、心脏起搏器和人工关节等。这些精密零部件的高质量保证了医疗器械的安全性和可靠性，对于医疗操作和治疗效果至关重要。

数控加工技术还能够实现医疗器械的复杂结构和形状加工。许多医疗器械，如人工心脏瓣膜和内窥镜等，都有复杂的内部结构和特殊的外形要求。数控加工通过多轴、多功能的机床和先进的刀具技术，能够有效地加工这些复杂的结构，满足医疗器械的设计需求。

数控加工在医疗器械组装过程中的角色不仅限于加工，还包括装配和调试。通过数控机器人和自动化装配线的应用，能够实现医疗器械的自动化组装，大大提高了组装效率和一致性。这种自动化装配不仅减少了人为错误的可能性，而且提高了医疗器械的整体质量和可靠性。

除此之外，数控加工技术还能够支持医疗器械的个性化定制和小批量生产。随着医疗技术的进步和患者需求的多样化，对于能够快速响应和灵活生产的能力越来越重要。数控加工通过灵活的生产策略和快速的加工调整，能够满足医疗器械个性化和小批量生产的需求。

随着医疗器械行业对品质和安全性的要求日益提高，数控加工技术将继续在医疗器械组装过程中发挥更大的作用。预计随着技术的不断进步和应用的扩大，数控加工将实现更高的自动化、精度和灵活性，为医疗器械的创新和发展提供更强大的支持。

第十章 数控加工技术创新与展望

第一节 数控加工技术创新方向

一、数控加工技术的现状与挑战

（一）传统数控技术的应用与限制

传统数控技术在制造业中有着广泛的应用，但同时也存在一些明显的限制和挑战。了解这些应用和限制有助于更全面地评估其在现代制造环境中的地位和潜力。

传统数控技术主要应用于金属加工、木工加工、塑料加工等领域。在这些领域中，数控机床通过计算机控制，能够实现复杂的加工操作，如铣削、钻孔、切割等。这些操作通常需要高精度和高效率，传统数控技术正是通过其精确的位置控制和灵活的加工策略，满足了这些加工需求。传统数控技术还可以与其他生产系统集成，如自动化生产线、CAD/CAM 系统等，进一步提高生产效率和产品质量。

传统数控技术在生产过程中的应用也带来了一定的挑战和限制。一方面，传统数控机床通常具有固定的结构和功能，难以适应生产任务的多样化和快速变化。这导致在面对复杂和多样化的加工需求时，传统数控技术可能无法提供足够的灵活性和适应性。另一方面，传统数控机床的维护和升级也面临一定的困难，由于其硬件和软件通常是封闭和专用的，难以进行快速和经济的更新。

传统数控技术在能源消耗和环境影响方面也存在一定的问题。传统数控机床通常采用传统的动力系统和冷却系统，这些系统在运行时消耗大量能源，导致能源浪费和碳排放增加。传统数控机床的生产过程也可能产生噪声、振动和废料，对环境造成不利影响。

传统数控技术在人机交互和操作界面方面也存在一些问题。由于其通常采用复杂的操作界面和编程语言，普通操作人员可能需要接受长时间的培训才能熟练操作。这不仅增加了生产成本，还可能导致操作错误和生产延误。

（二）数控加工技术面临的挑战

数控加工技术在现代制造业中占据了重要地位，但同时也面临着各种挑战。这些挑战涉及技术、经济、环境等多个方面，对数控加工技术的进一步发展和应用提出了严峻的考验。

加工精度和表面质量是数控加工技术面临的首要挑战。虽然数控加工具有高精度和重复性的优势，但在面对微小尺寸、复杂形状的工件时，加工精度仍然难以完全满足要求。特别是对于高精度和超精密加工，即使是微小的误差也可能导致产品质量下降，这对制造业的应用领域提出了更高的要求。

加工效率和生产成本是数控加工技术面临的另一个挑战。尽管数控加工可以实现自动化和连续化生产，但其高昂的设备和维护成本、复杂的编程和操作技能要求，都导致了相对较高的生产成本。加工速度的提高和生产效率的增加也受到材料特性、切削工具性能等因素的限制，这使得如何在保证加工质量的同时降低生产成本成为一个亟待解决的问题。

数控加工技术在环境保护和可持续发展方面也面临挑战。传统的数控加工过程中，常常产生大量的废水、废气和废渣，这不仅对环境造成污染，还可能对人体健康造成威胁。因此，如何实现数控加工的绿色化、环保化，减少对环境的影响，已经成为制造业和社会关注的焦点。

数控加工技术的普及和应用也面临人才短缺和技能培训的问题。尽管数控加工技术为制造业提供了新的生产方式和机会，但其复杂的操作和编程技能要求，导致了现场操作人员和技术人员的短缺。如何有效地进行技能培训，提高人才素质和技术水平，也成为制造业发展的关键因素。

数控加工技术的安全性和可靠性是制约其广泛应用的重要因素。虽然数控加工可以实现自动化和智能化生产，但其设备的复杂性和系统的脆弱性，使其容易受到各种外部因素的干扰，导致生产中断和设备故障。因此，如何提高数控加工设备的安全性和可靠性，确保生产的连续性和稳定性，是数控加工技术进一步发展的重要课题。

1. 高精度加工需求

高精度加工需求对数控加工技术提出了更高的要求。随着工业制造技术的进步和产品质量标准的提高，对于精度的要求也日益严格。在航空航天、医疗器械、精密仪器等领域，零部件的精度往往决定了整体产品的性能和可靠性。这就要求数控加工技术能够实现更高的精度，满足微米甚至纳米级的加工精度要求，确保产品的精密度和稳定性。

高精度加工需求也带来了对加工效率的挑战。传统的高精度加工往往需要较长的加工周期和复杂的加工过程，这不仅增加了生产成本，还可能导致生产效率低下。数控加工技术需要在保证高精度的基础上提高加工速度和生产效率，找到精度与效率之间的平衡点，实现高效、稳定和经济的生产。

高精度加工还带来了对机床刚性和稳定性的要求。高精度加工过程中，任何微小的振动、变形或温度波动都可能对加工精度产生影响，因此数控机床需要具有足够的刚性和稳定性，能够在各种工况下保持高精度的加工性能。这对数控机床的结构设计、材料选择和加工工艺提出了更高的要求，需要在确保机床刚性和稳定性的考虑机床的动态性能和响应速度。

高精度加工还对刀具、夹具和测量设备提出了更高的要求。刀具和夹具的精度、稳定性和耐用性直接影响到加工的质量和效率，而测量设备的精度和准确性则是保证产品精度的关键。高精度加工要求刀具和夹具具有更高的刚性和稳定性，能够在高速、高精度的加工条件下保持良好的加工性能；测量设备需要具有更高的分辨率和准确度，能够准确地检测和控制加工过程中的各项参数，确保产品的精确度和一致性。

高精度加工还对加工技术和人员技能提出了更高的要求。高精度加工技术通常需要更复杂的编程和控制策略，对操作员的技能和经验有很高的要求。操作员不仅需要熟悉数控编程和操作技术，还需要具备对加工过程的深入理解和丰富的实践经验，能够在复杂的加工环境下准确地调整和控制加工参数，确保产品的精度和质量。

2. 复杂形状零件加工的困难

复杂形状零件的加工一直是制造业中的一大挑战，需要高度精密的加工技术和先进的设备。尤其是在数控加工领域，面对复杂形状零件的加工任务，数控加工技术也面临着一系列的困难和挑战。

复杂形状零件的加工通常需要多轴数控机床。与传统的三轴数控机床相比，复杂形状零件的加工往往需要在多个方向上进行切削和定位。这要求数控机床具备更多的轴数和更复杂的动态控制能力。多轴数控机床的设计、调试和维护都比较复杂，需要高度的技术水平和经验。

复杂形状零件的加工涉及复杂的刀具路径规划。由于零件的形状和结构复杂，需要在有限的空间内实现有效的切削和定位。这要求数控加工系统具备强大的刀具路径优化能力，能够生成最优的切削路径，同时避免刀具碰撞和工件变形。当前的数控加工软件在复杂形状零件的刀具路径规划方面仍然存在一定的局限性，往往需要人工干预和调整。

复杂形状零件的加工还需要高精度的加工控制。由于零件的形状和尺寸精度要求高，数控加工系统需要能够实时监测和调整加工过程，确保零件的尺寸和形状符合设计要求。当前的数控加工系统在加工控制精度方面还存在一定的提升空间，尤其是在高速切削和微细加工方面。

复杂形状零件的加工还面临材料选择和切削参数的优化问题。不同的材料和零件形状对切削参数有不同的要求，需要根据具体的加工任务进行优化。当前的数控加工系统在材料切削和切削参数优化方面仍然缺乏有效的方法和工具，往往需要依赖经验和试验。

二、数控加工技术的创新方向分析

（一）高速高效加工技术

高速高效加工技术是现代制造业的关键发展方向，它涉及加工速度的提高、生产效率的增加及加工质量的保证。为了满足市场对更快、更精确、更经济的生产需求，数控加工技术必须不断地进行创新和改进。

刀具技术是高速高效加工技术的重要组成部分。高速刀具材料的研发和应用是提高加工效率和降低生产成本的关键。新型的刀具材料，如陶瓷刀具、CBN 刀具和 PVD 涂层刀具等，具有优良的耐磨性、高温稳定性和切削性能，可以实现高速、高效的加工。

数控系统的智能化和集成化是实现高速高效加工的另一重要方向。随着人工智能、大数据和云计算等技术的发展，数控系统正在向更加智能化、自动化的方向发展。通过集成先进的控制算法和优化策略，可以实现加工过程的自适应控制和优化，提高加工效率和加工质量。

高速高效加工技术还涉及加工策略和工艺的创新。新型的加工策略，如高速切削、高效深孔加工和高速铣削等，可以大幅提高加工速度和生产效率。通过优化工艺参数、选择合适的冷却液和切削液，还可以提高刀具寿命、降低加工成本，并实现绿色环保生产。

加工设备的创新和优化也是高速高效加工技术的重要方向。新型的数控加工中心、高速车床和复合加工设备等，具有更高的加工精度、更快的加工速度和更强的加工能力，可以满足复杂、精细和高效的加工需求。

人才培养和技能提升也是实现高速高效加工的关键因素。随着高速高效加工技术的发展，需要具备高级技能和创新思维的专业人才。因此，加强技能培训、提高工人素质和鼓励技术创新，都是推动高速高效加工技术进步的重要途径。

与高速高效加工技术相关的质量控制和检测技术也在不断创新。通过引入先进的检测设备和技术，如激光测量、光学测量和无损检测等，可以实时监控加工过程，及时发现和纠正加工误差，确保产品质量和加工效率。

（二）精密加工与表面处理技术

精密加工与表面处理技术是数控加工技术的重要领域，对于提高零部件的精度、表面质量和功能性具有关键作用。精密加工技术的创新方向之一是提高加工精度和稳定性。通过引入先进的控制算法和传感器技术，数控机床可以实时监测加工过程中的各项参数，如温度、振动和切削力等，从而实现自适应控制，提高加工精度和稳定性。

精密加工技术还致力于开发新型的加工方法和工艺。微加工、激光加工和超声波加工等新型加工方法正在得到广泛的关注和应用。这些新型加工方法能够实现对微细结构和复杂形状的加工，满足高精度和高效率的加工需求，同时也提供了一种新的途径来解决传统加工方法难以处理的问题。

表面处理技术在精密加工中也占据着重要的地位。表面处理不仅可以改善零部件的表面质量和光洁度，还可以增强其耐磨性、耐腐蚀性和其他功能性能。未来的创新方向包括开发新型的表面处理方法和材料，如纳米结构表面、功能性涂层和表面改性等，这些新技术和材料能够进一步提高零部件的性能和寿命。

数控加工技术的创新方向还包括智能化和自动化。随着工业 4.0 和人工智能技术的发展，数控机床正在向智能化和自动化方向发展。未来的数控机床将具备更高的自主性和自适应性，能够根据加工任务和环境变化自动调整加工参数和策略，实现更加智能和高效的生产。

绿色和可持续的加工技术也是数控加工技术的创新方向之一。随着全球环境问题的日益严重，绿色和可持续的生产方式正在成为制造业的发展趋势。数控加工技术通过优化加工过程、减少废物和能源消耗等方式，致力于开发环境友好的加工方法和技术，实现生产的绿色化和可持续发展。

教育和培训也是数控加工技术创新方向的重要组成部分。高质量的人才是推动技术创新和产业发展的关键。未来的数控加工技术需要培养具有深厚专业知识和创新能力的工程师和技术人员，通过提供全面、系统的教育和培训，培养新一代的数控加工技术人才，推动数控加工技术的持续发展和创新。

1. 微米级精度加工技术的研究

微米级精度加工技术的研究一直是制造业中的一个重要研究领域。随着科技的进步和市场需求的变化，微米级精度的加工技术对于高精度零件的生产已经成为一个关键因素。在这个背景下，数控加工技术作为现代制造的核心技术，其创新方向也逐渐聚焦于提高加工精度、提高生产效率和实现可持续发展。

微米级精度加工技术的研究主要集中在加工设备的精度提升和控制系统的优化。对于加工设备来说，高精度的机械结构和动态性能是实现微米级精度加工的基础。当前的研究正在探索新的材料和制造工艺，以提高机床的刚性、稳定性和动态响应。控制系统的优化也是微米级精度加工的关键，需要实时监测和调整加工过程，以确保加工精度和稳定性。

微米级精度加工技术还需要研究新的刀具材料和切削技术。刀具的选择和切削参数对加工精度和表面质量有着直接的影响。当前的研究正在探索新的刀具材料，如纳米复合材料和超硬材料，以及新的切削技术，如超高速切削和超精密磨削，以提高加工质量和效率。

数控加工技术的创新方向还包括智能化和自适应控制。随着人工智能和机器学习技术的发展，智能化的加工控制系统正在成为研究的热点。这些系统能够通过学习和适应加工过程的变化，实时优化切削参数和刀具路径，以实现微米级精度的加工。自适应控制技术也能够实时监测加工状态，调整加工参数，以适应材料和零件的变化，提高加工精度和稳定性。

微米级精度加工技术的研究还需要关注环境保护和可持续发展。随着全球环境问题的日益严重，研究如何减少能源消耗、降低碳排放和减少废料成为一个重要课题。当前的研究正在探索新的加工方法和技术，以实现低能耗、低污染和高效率的微米级精度加工。

2. 先进的表面处理和涂层技术

先进的表面处理和涂层技术在数控加工技术中占据着至关重要的位置，它们不仅可以提高工件的表面质量和耐磨性，还能延长刀具寿命、提高加工效率和降低加工成本。面对日益严格的产品质量要求和市场竞争压力，表面处理和涂层技术的创新成为数控加工技术的重要发展方向。

新型的表面处理技术，如电化学抛光、等离子喷涂和电渗析处理等，正在逐渐替代传统的机械和化学处理方法。这些先进的表面处理技术能够实现工件表面的微观结构优化、表面硬化和残余应力的调控，从而提高表面质量、延长使用寿命并提高性能。

涂层技术在数控加工中的应用也越来越广泛。不同类型的涂层材料，如硬质合金涂层、陶瓷涂层和纳米复合涂层等，具有优异的耐磨性、耐蚀性和热稳定性，能够显著提高刀具的切削性能和使用寿命。通过调整涂层的成分和结构，还可以实现特定的功能，如自润滑、自清洁和防腐蚀等，为加工过程提供更多的便利和优势。

先进的表面处理和涂层技术还能实现加工过程的绿色环保。通过采用无污染、无废水和低能耗的处理方法，可以减少对环境的影响，实现可持续发展。高效的涂层技术还能减少刀具的频繁更换和废旧处理，降低加工成本，提高资源利用率。

表面处理和涂层技术的创新还需要依靠先进的研发设施和人才队伍。加强研究与开发，提高技术创新能力，培养高水平的研发人才，都是实现表面处理和涂层技术创新的关键。只有不断地推进科技进步和人才培养，才能满足制造业对高性能、高效率和低成本的需求。

与表面处理和涂层技术相关的标准化和规范化工作也同样重要。建立和完善相关的行业标准和技术规范，确保技术的可靠性、稳定性和安全性，有助于推广和应用先进的表面处理和涂层技术，促进数控加工技术的快速发展。

第二节　数控加工技术与其他技术的融合

一、数控加工技术与人工智能的融合

（一）智能监控与质量控制

智能监控与质量控制在现代制造业中起着至关重要的作用。随着技术的不断进步，特别是人工智能的发展，如何将智能监控与质量控制与数控加工技术结合起来，以实现更高效、更精确的生产过程，已经成为研究的热点和趋势。

智能监控系统能够实时监测加工过程中的各种参数和状态。这些系统通过传感器和数据采集设备，实时收集加工设备、刀具、工件和环境的信息，如温度、振动、力度等。然后，通过数据分析和处理，智能监控系统能够识别出潜在的问题和异常情况，及时发出警告或采取措施，确保加工过程的稳定性和安全性。

质量控制是保证产品质量的关键环节。传统的质量控制方法主要依赖于人工检查和样品测试，这种方法往往效率低下，且无法全面覆盖。而智能质量控制系统则能够自动化地进行质量检测和分析。通过人工智能算法，系统可以实时识别产品的缺陷和不良，自动分类和标记，同时生成详细的质量报告，为后续的改进和优化提供数据支持。

数控加工技术与人工智能的融合为制造业带来了新的机遇和挑战。在数控加工过程中，人工智能可以用于优化刀具路径、调整加工参数和提高加工效率。通过深度学习和机器学习算法，系统可以学习和预测加工过程中的动态变化，自动调整切削速度、进给速度和刀具选择，以实现更高的加工精度和效率。

人工智能还可以用于优化生产调度和资源分配。通过数据分析和优化算法，系统可以实时监测生产线的运行状态，自动调整生产计划和资源分配，以满足不同的生产需求和优化生产效率。这不仅可以减少生产延误和浪费，还可以提高生产线的利用率和经济效益。

数控加工技术与人工智能的融合也面临一些挑战和难题。如何有效地整合和利用大量的数据是一个关键问题。在数控加工过程中，会产生大量的实时数据和历史数据，如何有效地收集、存储、处理和分析这些数据，以提供有价值的信息和洞见，是一个亟待解决的问题。

（二）深度学习在数控加工中的应用

深度学习技术在近年来得到了迅速的发展和广泛的应用，其在数控加工中的应用也逐渐受到了业界的关注和重视。深度学习作为一种强大的机器学习方法，具有处理复杂数据、模式识别和智能决策等能力，为数控加工带来了许多新的机遇和挑战。

深度学习在数控加工中的一个重要应用是故障诊断和预测维护。通过分析加工过程中的数据，如加工参数、刀具状态和机床振动等，深度学习模型可以学习和识别不同类型的故障模式，实现对设备状态的实时监测和预测。这不仅能够提高设备的可用性和稳定性，还能减少突发故障带来的生产损失。

深度学习还可以用于优化数控加工过程和提高加工质量。通过分析和学习加工过程中的数据，如切削力、表面粗糙度和加工精度等，深度学习模型可以优化加工参数、选择最佳刀具和改进加工策略，实现高效、精确和稳定的加工。这不仅能够提高生产效率，还能提高产品质量和降低生产成本。

深度学习还可以用于自动编程和模型生成。传统的数控加工需要经验丰富的操作员进行编程，而深度学习模型可以自动学习和生成加工程序，减少人为干预，提高编程效率。通过模型生成，还可以实现复杂形状和结构的加工，拓展数控加工的应用范围。

深度学习在数控加工中的应用还涉及产品设计和优化。通过分析产品的几何形状、材料属性和工艺要求，深度学习模型可以生成最优的加工方案和设计建议，实现产品性能的最大化和生产效率的提高。这有助于缩短产品开发周期，提高设计质量和加工效率。

深度学习技术在数控加工中的应用也面临一些挑战。如何处理大量的复杂数据、如何优化深度学习模型的结构和参数、如何提高模型的泛化能力等，都是需要解决的问题。如何确保深度学习模型的稳定性、可靠性和安全性，也是数控加工中应用深度学习技术的关键。

随着深度学习技术的不断进步和发展，其在数控加工中的应用将更加广泛和深入。通过不断地研究和创新，解决技术和应用中的挑战，可以充分发挥深度学习的优势，推动数控加工技术的发展，为制造业的转型升级和高质量发展提供有力支撑。

1. 基于深度学习的预测与优化

基于深度学习的预测与优化技术正在成为数控加工中的一个重要应用领域。深度学习通过构建复杂的神经网络模型，能够学习和理解大量的加工数据和知识。在数控加工中，这种能力使得深度学习能够准确地预测加工过程中的各种参数和变量，如切削力、温度、表面粗糙度等，为加工过程提供重要的参考和指导。

深度学习在数控加工中的应用还体现在优化加工参数和策略上。通过分析和理解加工过程中的数据模式和规律，深度学习能够自动地识别出最优的加工参数组合，优化加工路径和策略，从而实现加工效率的提高和成本的降低。这种自动化的优化过程不仅能够提高生产效率，还能够减少人为误差，确保加工质量和稳定性。

深度学习还能够实现对加工设备和系统的故障检测和预测。通过监测和分析设备运行数据，深度学习可以及时发现和诊断设备的异常状态和故障原因，预测设备的寿命和维护需求，提前采取相应的措施，确保设备的稳定运行和生产的连续性。

深度学习在数控加工中的应用还包括对产品质量的预测和控制。通过学习和分析加工过程中的数据模式和特征，深度学习能够准确地预测产品的质量和性能，及时发现和纠正可能导致产品质量问题的因素，确保产品的一致性和稳定性。

深度学习还可以与其他先进的技术和方法结合，如增强现实（AR）、虚拟现实（VR）和物联网（IoT）等，实现更加智能和集成的数控加工系统。通过结合深度学习的能力和这些先进技术的优势，可以实现更高级别的加工自动化、智能化和优化，推动数控加工技术的不断发展和创新。

深度学习在数控加工中的应用还需要充分考虑数据安全和隐私保护的问题。在处理和分析加工数据时，需要采取有效的数据加密、访问控制和隐私保护措施，确保数据的安全性和完整性，防止数据泄露和滥用，维护企业和用户的合法权益。

2. 自适应加工参数调整

自适应加工参数调整是数控加工技术的一个重要发展方向，它能够根据加工过程中的实时数据和条件，自动地调整加工参数，以实现更高的加工精度和效率。这种自适应调整不仅可以提高加工质量，还可以减少人工干预，提高生产效率。

自适应加工参数调整的核心是实时数据的收集和分析。在数控加工过程中，通过传感器和数据采集设备，可以实时收集加工过程中的各种参数，如切削力、温度、振动等。然后，通过数据分析和处理，可以识别出加工过程中的潜在问题和优化空间，以及需要调整的加工参数。

深度学习作为人工智能的一个分支，在数控加工中的应用正在逐渐成为研究的焦点。深度学习算法，特别是深度神经网络，具有强大的模式识别和学习能力，能够处理大量的数据，发现隐藏的模式和规律。在数控加工中，深度学习可以用于优化刀具路径、调整加工参数和预测加工过程中的动态变化。

深度学习在自适应加工参数调整中的应用主要体现在模型的建立和训练。通过使用深度学习算法，可以构建一个模型，模拟加工过程中的各种因素和条件，以及它们与加工质量之间的关系。然后，通过大量的实验数据和训练，模型可以学习有效的加工参数调整策略，以实现优化的加工结果。

深度学习还可以用于预测加工过程中的异常情况和故障。通过分析加工过程中的数据，深度学习模型可以识别出潜在的问题和风险，如刀具磨损、工件变形等，并提前发出警告，以避免生产中断和质量问题。

深度学习在数控加工中的应用也面临一些挑战和限制。深度学习算法通常需要大量的数据和计算资源，以进行模型的训练和优化。在数控加工环境中，数据的收集和处理可能会受到限制，影响深度学习模型的性能和效果。

二、数控加工技术与物联网的结合

（一）智能制造与物联网

智能制造和物联网技术在当今制造业中扮演着越来越重要的角色，它们的结合不仅推动了制造业的转型升级，还为数控加工技术带来了许多新的机遇和挑战。物联网的连接性和智能制造的自动化特性为数控加工提供了更为广阔的发展空间。

物联网技术为数控加工提供了更加智能和自动化的生产环境。通过将数控机床、传感器、执行器和计算设备等设备连接到互联网，可以实现设备之间的数据共享和实时监控。这不仅能够提高生产效率，还能提高设备的利用率和生产的灵活性，满足个性化和定制化生产的需求。

物联网技术还可以实现远程监控和远程控制。制造商和操作员可以通过互联网远程访问和控制数控加工设备，实时获取设备状态、生产数据和故障信息，及时调整加工参数和优化生产过程，提高生产效率和生产质量。远程监控和控制还可以减少人为干预，降低人力成本和提高工作安全性。

物联网技术还可以实现设备之间和设备与系统之间的集成和协同。通过物联网平台和云计算技术，可以实现不同类型和品牌的数控加工设备之间的数据交换和信息共享，实现生产过程的全面协同和优化。这有助于提高生产效率，降低生产成本，并实现生产过程的透明化和可视化管理。

物联网技术还可以实现生产过程的数字化和智能化。通过集成先进的传感器、执行器和控制系统，可以实时采集、分析和处理生产数据，实现生产过程的自动化控制和优化。这不仅能够提高生产效率，还能提高生产质量和产品的一致性，满足市场对高质量产品的需求。

物联网技术在数控加工中的应用还涉及安全性和可靠性的问题。随着物联网设备的增加和数据的增长，如何确保数据的安全、设备的稳定运行和生产过程的可靠性，都成为制造业面临的重要挑战。因此，加强网络安全、提高设备的稳定性和实现备份和故障恢复，都是实现物联网在数控加工中应用的关键。

物联网技术的广泛应用和不断创新，为数控加工带来了无限的可能性和机遇。通过不断地研究和创新，解决技术和应用中的挑战，可以充分发挥物联网的优势，推动数控加工技术的发展，为制造业的转型升级和高质量发展提供有力支撑。

（二）远程监控与故障诊断

远程监控与故障诊断是数控加工技术与物联网结合的重要方向。物联网技术可以实现数控加工设备的远程监控。通过传感器和网络技术，数控机床的运行状态、加工参数和生产数据可以实时传输到远程的监控中心或移动设备，使操作员和管理人员能够随时随地监控设备运行情况，及时了解生产状态，提高生产管理的效率和准确性。

物联网技术还能够实现对数控加工设备的远程故障诊断。当设备出现异常或故障时，物联网系统可以自动发送警报，并将相关的故障信息、日志和数据传输到远程的维护中心或专家团队。通过远程诊断和分析，专家可以迅速判断故障原因，提供有效的解决方案，甚至远程控制设备进行故障排除，减少因故障造成的停机时间，提高生产效率和设备的利用率。

物联网技术还能够实现数控加工设备的智能预测和维护。通过分析设备的运行数据和行为模式，物联网系统可以预测设备的寿命、维护需求和可能出现的故障，提前制订维护计划和策略，进行定期的预防性维护，延长设备的使用寿命，减少维护成本，提高生产的连续性和稳定性。

物联网技术与数控加工技术结合，还能够实现生产过程的自动化和智能化。通过与物联网设备、传感器和执行器的连接，数控加工系统可以实现自动化的生产调度、资源分配和生产控制，根据实时的生产需求和资源状态进行智能的优化和调整，实现生产过程的高效、灵活和智能化。

物联网技术在数控加工中的应用还需要考虑数据安全和隐私保护的问题。在数据传输、存储和处理过程中，需要采取有效的加密、访问控制和隐私保护措施，确保数据的安全性和完整性，防止数据泄露和滥用，维护企业和用户的合法权益。

物联网技术与数控加工技术的结合还需要注重培训和人才的培养。物联网技术的应用需要具有物联网知识和技能的专业人才，而数控加工技术的应用需要具有加工和控制知识的专业人才。通过提供全面、系统的培训和教育，培养具有深厚专业知识和综合能力的物联网和数控加工人才，推动物联网技术在数控加工中的广泛应用和发展。

1. 远程操作与控制技术

远程操作与控制技术在制造业中的应用越来越广泛，它允许操作员在远程地点实时监控和控制生产设备，提高了生产的灵活性和效率。而物联网（IoT）作为连接物体与互联网的技术，为远程操作与控制提供了强大的支持，使得设备、传感器和系统能够实时通信和交互。

物联网技术使数控加工设备能够实时地发送和接收数据。通过在加工设备、传感器和控制系统上安装传感器和通信模块，可以实时收集加工过程中的各种参数，如温度、压力、速度等。这些数据随后被传输到云端或中央控制系统，供操作员和决策者进行实时监控和分析，以实现远程操作和控制。

远程操作与控制技术结合物联网可以提高生产的灵活性和响应速度。当出现生产中断、设备故障或紧急情况时，操作员可以远程访问加工设备，进行故障诊断和问题解决，而不需要到现场进行干预。这不仅可以减少生产延误和停机时间，还可以提高生产的灵活性和适应性。

物联网技术为远程操作与控制提供了更高的安全性和可靠性。通过使用加密和认证机制，确保数据的安全传输和访问权限的控制，防止未经授权的访问和潜在的安全风险。物联网还可以实时监测设备的状态和性能，预测可能的故障和问题，提前采取措施，以确保生产的稳定运行和高效率。

远程操作与控制技术结合物联网还可以实现生产的智能化和自动化。通过分析加工过程中的数据和信息，机器学习和人工智能技术可以自动优化加工参数，提高生产效率和产品质量。自动化的生产调度和资源分配可以实时响应市场需求和生产变化，以实现生产的优化和经济效益。

远程操作与控制技术结合物联网也面临一些挑战和问题。如何确保数据的实时性和准确性是一个关键问题。由于加工设备和传感器可能会受到环境因素和干扰，数据的采集和传输可能会受到影响，影响远程操作和控制的效果。

2. 故障预测与自动维护

故障预测与自动维护是物联网技术在数控加工中的关键应用之一，它们的结合旨在提高设备的可用性、降低维护成本、延长设备寿命，并实现生产过程的连续性和稳定性。通过物联网的连接性和数据分析能力，故障预测与自动维护在数控加工中展现出巨大的潜力。

利用物联网技术，可以实时监控数控加工设备的运行状态和性能指标。通过安装传感器和执行器，可以实时采集设备的振动、温度、电流、电压等数据。这些数据可以通过物联网平台进行实时分析和处理，预测设备可能出现的故障，并提前采取相应的维护措施，避免设备故障导致的生产中断和损失。

结合深度学习和人工智能技术，可以构建高效的故障预测模型。这些模型可以学习和识别设备运行过程中的异常模式和故障特征，实现故障的准确预测和定位。自动维护系统可以根据预测结果，自动调度维护人员和资源，实施必要的维护和修复工作，降低人为错误，提高维护效率和设备的可靠性。

通过共享数据和信息，可以实现生产计划的动态调整、维护任务的优化和资源的有效利用。这有助于提高生产效率、降低生产成本，并实现生产过程的智能化和自动化。

通过预测和预防潜在的设备故障，可以减少设备的突发故障和生产中断，提高设备的稳定性和安全性。定期的自动维护和检查，可以延长设备的使用寿命，降低设备的维护成本，并保证生产过程的连续性和稳定性。

如何选择合适的传感器和执行器、如何构建有效的故障预测模型、如何培训维护人员和提高其技能水平等，都是实现故障预测与自动维护的关键。

随着物联网技术的不断进步和发展，故障预测与自动维护在数控加工中的应用将更加广泛和深入。通过不断地研究和创新，解决技术和应用中的挑战，可以充分发挥故障预测与自动维护的优势，推动数控加工技术的发展，为制造业的转型升级和高质量发展提供有力支撑。

第三节　数控加工技术在未来的发展趋势

一、数控加工技术的技术进步方向

（一）智能化加工技术的发展

智能化加工技术的发展已经成为当前制造业的一个重要趋势。随着技术的进步和应用的深入，智能化加工技术不断地融入到数控加工技术中，推动了加工质量、效率和灵活性的提升。在这个背景下，数控加工技术的技术进步方向也随之发生了变化，更加注重智能化、集成化和可持续发展。

智能化加工技术的发展主要体现在加工设备的自动化和智能化。现代数控机床不仅具有高度的自动化和精密度，而且能够通过传感器和控制系统实时监测加工过程中的各种参数，如温度、速度、切削力等。通过智能算法和人工智能技术，机床可以自动调整加工参数，优化刀具路径，以实现高效、精确和稳定的加工。

数控加工技术的技术进步方向更加注重集成化和网络化。通过物联网技术和云计算技术，不同的加工设备、传感器和控制系统可以实时通信和交互，形成一个集成的生产系统。这种集成化的生产系统能够实现生产过程的实时监控、数据分析和优化，提高生产的灵活性和响应速度。

智能化加工技术的发展还促进了加工过程的可持续发展。通过优化加工参数、减少能源消耗和废料产生，可以实现生产的绿色化和环保化。智能化加工技术还可以提高生产效率，减少生产成本，提高产品质量，以满足市场和客户的需求。

数控加工技术的技术进步方向还包括加工材料和刀具的研发。随着新材料和新刀具的开发，如纳米复合材料、超硬合金刀具等，可以实现更高的切削速度、更长的使用寿命和更高的加工精度。新的加工方法和技术，如超高速切削、微米级加工等，也为数控加工技术的进一步发展提供了新的机会和挑战。

智能化加工技术的发展和数控加工技术的技术进步方向也面临一些挑战和限制。如何实现不同加工设备、传感器和控制系统的有效集成和协同工作是一个关键问题。当前的技术和标准还存在一定的差异和局限性，需要进一步研究和解决。

（二）高精度与高效能的结合

高精度与高效能的结合是数控加工技术进步的重要方向，这一结合旨在提高加工质量的实现生产效率的最大化。在制造业竞争日益激烈的环境中，高精度和高效能的数控加工技术不仅能满足客户对产品精度和质量的高要求，还能提高企业的竞争力和市场占有率。

高精度加工技术是数控加工技术进步的核心。随着精密零部件和微小结构产品的需求日益增加，对加工精度的要求也越来越高。通过优化加工策略、提高机床刚性、采用先进的测量和校准技术等手段，可以实现数控加工的高精度。结合先进的控制算法和传感器技术，还可以实时监测和调整加工过程，提高加工精度和稳定性。

高效能加工技术是实现生产效率最大化的关键。在现代制造环境中，提高生产效率和降低生产成本是每个制造企业追求的目标。通过优化加工参数、选择合适的刀具和工艺、提高切削速度和进给速度等手段，可以实现数控加工的高效能。结合先进的自动化和智能化技术，还可以实现生产过程的自动化和连续化，提高生产效率和降低生产成本。

高精度与高效能的结合还需要依靠先进的测量和检测技术。通过引入高精度的测量设备和先进的检测方法，可以实时监测加工质量、检测加工误差和评估加工精度，确保加工过程满足设计要求和客户需求。结合数据分析和处理技术，还可以实现加工过程的数据驱动和智能优化，提高加工效率和加工质量。

高精度与高效能的结合还需要依靠优化的设计和工艺。通过引入先进的CAD/CAM系统、采用优化的加工策略和工艺流程，可以实现产品设计、加工编程和加工过程的无缝衔接，提高加工精度和生产效率。结合先进的模拟和仿真技术，还可以预测加工过程的行为和性能，优化加工参数和工艺流程，提高加工效率和降低加工成本。

高精度与高效能的结合还需要依靠人才的培养和技能的提升。随着数控加工技术的发展和应用，对加工工程师和操作员的技能和知识也提出了更高的要求。通过加强教育培训、提高技能水平和鼓励创新思维，可以培养一批高素质、高技能的加工人才，支持高精度与高效能的数控加工技术的发展和应用。

1. 微米级精度加工技术的创新

微米级精度加工技术的创新是数控加工技术进步的核心方向。新型的高精度数控机床设计是实现微米级精度加工的关键。通过采用刚性更强、稳定性更好的机床结构，结合高精度的传感器和控制系统，可以实现对加工过程中的微小误差进行实时监测和补偿，确保加工精度达到微米级别。

超精密刀具和切削技术是微米级精度加工的重要技术支撑。通过采用纳米级、单晶刀具和先进的切削工艺，可以实现对微细结构和复杂轮廓的高精度加工，同时减少切削力和热变形，提高加工表面质量和形状精度。

先进的加工策略和优化算法也是实现微米级精度加工的关键。通过研发和应用智能切削策略、自适应控制算法和优化加工路径，可以实现对加工过程的精细控制和优化，提高加工效率和加工质量，满足微米级精度加工的高要求。

高精度的测量和检测技术是确保微米级精度加工质量的关键。通过采用光学、机械和电子结合的多模态测量技术，可以实时监测加工表面的形态、尺寸和质量，提供精确的反馈信息，实现加工过程的闭环控制和微米级精度的维持。

高速、高精度的数控系统和编程技术也是微米级精度加工的重要支撑。通过采用先进的数控系统和编程技术，可以实现对加工过程的高速、高精度控制，提高数控机床的动态响应性和稳定性，满足微米级精度加工的复杂需求。

微米级精度加工技术的创新还需要注重材料和工艺的研发。通过开发新型的高精度加工材料和工艺，提高材料的切削性能、抗热变形能力和表面质量，实现微米级精度加工的高效、稳定和可靠。

2. 节能高效的切削与加工方法

节能高效的切削与加工方法在现代制造业中越来越受到关注，这主要是为了满足环境保护和可持续发展的需求，同时也能够提高生产效率和降低生产成本。在这个背景下，数控加工技术的技术进步方向也开始向节能高效的方向发展，以适应市场和社会的需求。

节能高效的切削与加工方法主要包括优化切削参数、采用高效刀具和加工材料以及开发新的加工技术。通过优化切削参数，如切削速度、进给速度和切削深度，可以实现更高的加工效率和更低的能源消耗。采用高效刀具和加工材料，如硬质合金刀具、纳米复合材料等，可以提高切削速度、延长刀具使用寿命和提高加工质量。开发新的加工技术，如超高速切削、干切削等，也为实现节能高效的切削与加工提供了新的可能性。

数控加工技术的技术进步方向也开始向节能高效的方向发展。随着智能化、集成化和网络化的发展，数控加工系统能够实时监测加工过程中的各种参数和条件，通过智能算法和优化策略自动调整加工参数，实现节能和高效。通过实时优化刀具路径、减少空闲运动和降低切削力，可以大大提高加工效率和降低能源消耗。

节能高效的切削与加工方法还需要结合生产实际，进行综合考虑和优化。除了优化切削参数和采用高效刀具和加工材料，还需要考虑加工过程中的其他因素，如冷却液的选择和使用、工艺流程的优化等。通过综合考虑和优化，可以实现节能高效的切削与加工，同时满足产品的质量和生产的需求。

为了实现节能高效的切削与加工，还需要加强技术研发和人才培养。通过开展研究和开发新的切削技术、加工方法和装备，不断推动技术的进步和创新。加强人才培养，培养专业的技术人员和工程师，提高他们的技能和能力，为实现节能高效的切削与加工提供有力的支持。

实现节能高效的切削与加工仍然面临一些挑战和难题。加工过程中的能量消耗和环境影响需要得到有效的控制和减少。当前的技术和方法还存在一定的局限性和不足，需要进一步研究和解决。

二、数控加工技术的应用发展领域

（一）复杂零件与自由形态加工

复杂零件与自由形态加工是数控加工技术应用发展的重要领域，它们代表了数控加工技术在面对多样化、高难度加工需求时的创新应用。这些领域不仅要求高精度、高效能的加工能力，还需要具备处理复杂结构和自由形态的加工能力，为制造业带来了新的机遇和挑战。

复杂零件加工是数控加工技术的一个重要应用领域。随着航空、航天、汽车、医疗等高端制造领域对高精度、复杂结构零件的需求日益增加，数控加工技术在复杂零件加工方面展现出其独特优势。通过引入五轴、六轴甚至更多轴数的数控机床，结合先进的刀具技术和加工策略，可以实现复杂零件的高精度、高效能加工，满足各种复杂结构零件的加工需求。

自由形态加工是数控加工技术的另一个重要应用领域。随着设计和制造技术的发展，越来越多的产品和零件呈现出自由、复杂的形态和结构。传统的加工方法往往难以满足这些自由形态的加工需求。而数控加工技术通过结合先进的 CAD/CAM 系统、高速切削技术和先进的加工策略，可以实现对自由形态零件的精确、高效加工，满足设计师和制造商的创新需求。

复杂零件与自由形态加工的成功实施还需要依靠先进的测量和检测技术。通过引入高精度的三坐标测量机、光学扫描仪和其他先进的测量设备，可以实时监测和评估加工过程和加工质量，确保复杂零件和自由形态零件的加工精度和质量。

复杂零件与自由形态加工的成功实施还需要依靠优化的工艺和策略。通过引入先进的仿真和优化技术，可以预测加工过程的行为和性能，优化加工参数和工艺流程，实现复杂零件和自由形态零件的高效、稳定加工。

复杂零件与自由形态加工的成功实施还需要依靠人才的培养和技能的提升。通过加强教育培训、提高技能水平和鼓励创新思维，可以培养一批高素质、高技能的加工人才，支持复杂零件与自由形态加工技术的发展和应用。

（二）多功能加工与一体化生产

多功能加工与一体化生产是数控加工技术应用发展的重要领域，它涉及到提高生产效率、降低生产成本和增强生产灵活性。多功能数控机床是实现多功能加工的关键。通过集成多种加工功能，如铣削、钻孔、镗孔和车削等，一个多功能数控机床可以完成多种加工任务，减少设备占地面积和设备投资，提高生产效率和资源利用率。

一体化生产系统是实现生产过程自动化和智能化的关键。通过集成数控机床、自动化装置、物料处理系统和信息管理系统等，一体化生产系统可以实现生产过程的自动化控制和管理，提高生产效率、减少人为干预和人为误差，同时提高生产质量和一致性。

数字化设计和制造技术是支撑多功能加工与一体化生产的基础。通过采用先进的 CAD/CAM 软件和数控编程技术，可以实现产品设计和加工过程的数字化、智能化和集成化，提高产品开发速度和加工效率，同时提高产品质量和性能。

智能化的加工监控和优化技术是实现多功能加工与一体化生产的关键。通过采用先进的传感器技术、实时数据分析和自适应控制算法，可以实时监控加工过程和设备状态，及时调整加工参数和策略，优化加工过程，提高生产效率和加工质量。

灵活的生产组织和管理模式也是支撑多功能加工与一体化生产的重要因素。通过采用模块化生产、小批量生产和定制化生产等灵活的生产组织和管理模式，可以快速响应市场需求，提高生产灵活性和响应速度，降低生产成本和库存水平。

人才培养和技能提升是实现多功能加工与一体化生产的关键支撑。通过提供全面、系统的培训和教育，培养具有数控加工和自动化控制知识、技能和综合能力的专业人才，推动多功能加工与一体化生产技术的广泛应用和发展。

第四节　数控加工技术对产业发展的影响

一、数控加工技术对制造业的影响

（一）生产效率的提升

生产效率的提升一直是制造业追求的目标，它直接影响到企业的竞争力和市场地位。在这个背景下，数控加工技术作为现代制造业的核心技术，对制造业的影响越来越深远，显著提高了生产效率、降低了成本并增强了市场响应能力。

与传统的手工或半自动加工相比，数控加工可以实现连续、精确和高速的加工，大大缩短了生产周期和提高了加工精度。这种高效的生产方式不仅减少了人工干预的需求，还降低了人为错误和废品率，从而显著提升了生产效率。

通过更换不同的刀具和加工程序，数控机床可以加工各种复杂的零件和结构，实现快速切换和生产，大大提高了生产的灵活性和适应性。这种灵活的生产方式可以更好地满足市场的需求，提高产品的多样性和差异化，增强了企业的市场竞争力。

通过实时监测加工过程中的各种参数和条件，数控系统可以自动调整加工速度、进给速度和切削深度，以实现最佳的加工效果。这种智能化的加工方式不仅提高了生产效率，还减少了加工成本和资源消耗，从而增强了企业的经济效益。

通过物联网技术和云计算技术，数控机床、传感器和控制系统可以实时通信和交互，形成一个集成的生产系统。这种集成化的生产系统可以实现生产过程的实时监控、数据分析和优化，提高生产的灵活性、响应速度和效率。

数控技术的投资成本较高，需要企业进行长期和大规模的投资，才能实现生产效率的提升。数控技术的应用还需要专业的技术人员和工程师进行操作和维护，缺乏相关的人才和培训可能会影响技术的应用效果和经济效益。

（二）产品质量的提高

产品质量的提高是制造业发展的核心目标，而数控加工技术正是这一目标实现的关键因素之一。数控加工技术通过提供高精度、高效能和一致性的加工能力，显著提升了制造过程中的质量控制和产品质量，对制造业产生了深远的影响。

通过先进的数控机床、刀具和控制系统，可以实现微米级甚至纳米级的加工精度，满足高精度产品的制造需求。这种高精度加工能力不仅提高了产品的功能性和可靠性，还提升了产品的市场竞争力。

通过数控编程和自动化控制，加工过程变得更加稳定和可控，减少了加工误差和浪费，提高了产品的一致性和可靠性。这有助于提高生产效率，同时保证产品质量的稳定和可靠。

数控加工技术通过优化的加工策略和工艺流程，实现了加工过程的智能化和优化，进一步提高了产品质量。通过结合先进的CAD/CAM系统、仿真和优化技术，可以预测和优化加工过程，避免潜在的加工问题和缺陷，提高产品的加工质量和一致性。

数控加工技术提供了实时监测和反馈机制，有助于及时发现和纠正加工过程中的问题，提高产品的质量控制。通过引入传感器、测量设备和先进的数据分析技术，可以实时监测加工状态和产品质量，提供及时的反馈和调整，确保产品满足设计和质量标准。

随着制造技术和市场需求的变化，制造业对产品质量的要求也在不断提高。数控加工技术通过不断地研究和创新，提供了更加高效、灵活和可靠的解决方案，满足制造业对高质量产品的需求。

数控加工技术对制造业的影响不仅体现在产品质量的提高，还体现在生产效率的提升、成本的降低和市场竞争力的增强。通过实现加工过程的自动化、智能化和优化，数控加工技术提高了制造业的整体水平和竞争力，推动了制造业的转型升级和高质量发展。

1. 高精度与高一致性的零件制造

高精度与高一致性的零件制造是数控加工技术对制造业影响的核心方面，它对提高产品质量、降低生产成本和增强市场竞争力具有重要意义。数控加工技术能够实现高精度的加工控制。通过采用先进的控制算法和高精度的数控机床，可以实现对加工过程的微小误差进行实时监控和补偿，确保零件的加工精度达到微米级别，满足复杂产品的高精度加工需求。

数控加工技术还能够实现零件的高一致性制造。通过控制加工参数、优化加工路径和自动化加工过程，可以确保批量生产的零件具有高度一致的尺寸、形状和表面质量，减少生产中的人为误差和零件之间的差异，提高生产效率和产品质量。

通过采用多轴联动、高速切削和复合加工等先进技术，可以实现对复杂零件的高效、高质量加工，提高生产效率，缩短生产周期，满足市场对于快速响应和定制化生产的需求。

通过采用模块化设计、柔性制造和快速切换生产线等灵活生产方式，数控加工技术能够快速响应市场需求，实现生产线的快速调整和生产任务的灵活分配，提高生产响应速度和市场竞争力。

随着数控加工技术的应用，制造业需要培养具有数控编程、操作和维护能力的技术人才，推动制造业的技术升级和创新能力的提升，促进制造业向高端、智能化和可持续发展。

通过优化加工过程、减少废物和能源消耗，数控加工技术能够降低生产对环境的影响，实现资源的有效利用和环境的保护，促进制造业的绿色和可持续发展。

2. 自动化质量检测与控制技术

自动化质量检测与控制技术在制造业中的应用逐渐增多，这主要得益于数字化、智能化的发展趋势。而数控加工技术作为制造业的重要组成部分，对其产生了深远的影响，特别是在提升产品质量和生产效率方面。

自动化质量检测与控制技术通过实时监测和分析生产过程中的各个环节，能够快速检测到潜在的质量问题。这种实时的检测机制可以立即识别出生产过程中可能出现的偏差和异常，为及时调整和修正提供了有力支持，从而大大提高了产品质量。

自动化质量检测与控制技术与数控加工技术的结合，能够实现生产过程的自动化控制和优化。数控机床和自动化检测设备能够实时通信，共享数据，实现生产参数的实时调整和优化，从而保证产品的一致性和稳定性，提高生产效率。

自动化质量检测与控制技术通过数据分析和统计，可以对生产过程进行深入的分析，找出影响产品质量的关键因素。这种数据驱动的方法不仅可以优化生产流程，还可以指导新产品的研发和改进，从而不断提升产品质量和企业竞争力。

自动化质量检测与控制技术的应用还能够降低生产成本。通过自动化的质量检测和控制，可以减少人工干预，提高生产效率，降低废品率，从而降低生产成本。通过优化生产流程和资源配置，还可以提高生产效率，进一步降低成本。

自动化质量检测与控制技术在实际应用中仍然面临一些挑战。需要建立完善的质量管理体系，包括质量标准、检测方法和控制程序等，确保质量检测与控制的有效性和准确性。还需要培养专业的技术人员和工程师，提高他们的技能和能力，确保技术的顺利实施和运行。

二、数控加工技术对产业结构的影响

（一）产业升级与转型

产业升级与转型是制造业发展的必然趋势，而数控加工技术正是推动产业结构优化和转型升级的关键因素。数控加工技术的广泛应用不仅促进了产业从传统制造向智能制造的转型，还推动了产业结构的深度调整和优化，为制造业带来了新的增长点和发展机遇。

数控加工技术提供了高效、精确和灵活的生产方式，降低了生产成本和提高了生产效率，推动了产业向更高端、更智能的方向发展。通过数控机床、自动化控制和智能制造系统，可以实现生产过程的自动化和数字化，提高资源利用率和生产效率，满足市场对高质量、个性化和定制化产品的需求。

通过引入先进的CAD/CAM系统、云计算和大数据技术，可以实现设计、生产和管理的一体化，提高产业链的整体效率和竞争力，推动产业向更高值、更高技术含量的领域发展。

随着数控加工技术的应用，传统的分散、低效的生产模式正在被高效、集约的生产模式替代，推动了产业链的集成和协同，提高了产业链的整体效益和竞争力，有利于推动产业向高端、集约和绿色方向发展。

通过不断地研发和创新，可以推动产业结构的优化和转型升级，培育新的产业领域和市场机会，满足消费者的多样化和个性化需求，推动经济持续、健康和高质量发展。

为满足产业发展的需要，需要加强人才培养、技能提升和创新能力的培育，为产业结构的优化和转型升级提供有力支持。

随着制造业、信息技术、互联网和其他产业的深度融合，形成了新的产业链、价值链和供应链，推动产业结构的整体优化和升级。

1. 传统制造业向高端制造业的转型

传统制造业向高端制造业的转型是一个重要的产业发展趋势，而数控加工技术在这一转型过程中发挥着至关重要的作用。数控加工技术提供了高精度和高效率的生产手段。通过精确的加工控制和自动化的生产流程，数控加工能够满足高端制造业对于产品精度、质量和生产效率的严格要求，为高端制造业的发展提供强大支撑。

通过采用先进的CAD/CAM系统和数控编程技术，制造过程可以更加精确、灵活和自动化，有助于提高产品设计和制造的创新能力，加快产品开发周期，满足高端制造业对于快速响应和定制化生产的需求。

随着市场需求的不断变化，制造企业需要具备快速响应和生产调整的能力。数控加工技术通过提供模块化的生产设备和柔性的生产流程，使得制造企业能够更加灵活地调整生产线，适应市场变化，提高市场竞争力。

为了适应高端制造业的发展需求，制造企业需要不断引入和应用新的技术和方法。数控加工技术作为先进的制造技术，能够促进制造业的技术创新和研发能力提升，推动制造业向更高端、更智能、更绿色的方向发展。

随着数控加工技术的广泛应用，制造业的产业结构逐渐向高端、智能化、服务化和绿色化方向转型。高端制造业逐渐成为制造业的主导部分，而低端、劳动密集型的产业逐渐减少，制造业的价值链也更加集中在技术创新、产品设计、市场开发和服务等高附加值环节。

随着制造技术的不断进步和复杂化，制造业需要培养更多具有数控编程、操作、维护和管理能力的高素质人才。制造企业需要加强与高等教育机构、研究机构和培训机构的合作，共同推动数控加工技术人才的培养和技能提升，为制造业的高端转型提供人才支持。

2. 新兴产业与高技术产业的崛起

新兴产业与高技术产业的崛起已经成为当今经济发展的重要趋势，这些产业以其创新性、高附加值和持续增长的特点，逐渐成为全球经济的新动力。在这种背景下，数控加工技术作为高技术产业的代表之一，对产业结构产生了深远的影响，推动了产业升级和转型。

数控加工技术的广泛应用促进了制造业的现代化和智能化。随着数控技术在各种制造领域的应用，传统的手工加工和半自动化加工逐渐被自动化、智能化的数控加工所替代。这不仅提高了生产效率和产品质量，还促进了生产模式的转型，从大规模、标准化的生产向小批量、定制化的生产转变。

数控加工技术的发展催生了一系列相关产业的兴起。从数控机床制造、刀具制造、自动化控制系统到软件开发等，都得到了迅速发展和壮大。这些相关产业与数控加工技术形成了一个完整的产业链，共同推动了整个产业的发展和壮大，增强了产业的内生动力和竞争力。

数控加工技术的应用也促进了制造业与其他高技术产业的融合与协同发展。在航空航天、汽车制造、电子信息、生物医药等高技术产业中，数控加工技术都发挥了关键作用，支持了新材料、新能源、人工智能、生物技术等新兴技术的研发和应用，推动了产业的协同创新和跨界合作。

数控加工技术的普及和应用也推动了制造业的国际化和全球化发展。在全球价值链日益完善的背景下，数控加工技术作为一种先进的生产技术，被广泛应用于全球制造业，不仅提高了我国制造业的国际竞争力，还加强了与其他国家和地区的技术和产业合作，推动了全球制造业的共同发展。

数控加工技术对产业结构的影响也带来了一些挑战和问题。技术更新和迭代速度快，对企业的技术研发和人才培养提出了更高的要求。企业需要不断加强自身的技术创新能力和人才培养，以适应市场和技术的快速变化。

（二）供应链与生态系统的优化

供应链与生态系统的优化是现代产业发展的重要方向，而数控加工技术作为一种关键的生产手段，对供应链与生态系统的优化产生了深远的影响。数控加工技术的应用不仅提升了生产效率和产品质量，还促进了供应链的协同、灵活和透明，以及生态系统的绿色、可持续和循环发展。

数控加工技术通过提高生产效率和减少生产成本，促进了供应链的协同和优化。通过自动化控制、智能制造系统和先进的生产管理技术，可以实现生产过程的集成和协同，减少物料和信息流的浪费，提高供应链的整体效率和响应速度，满足市场对快速、灵活和可靠供应的需求。

数控加工技术的应用推动了供应链的灵活性和透明性的提升。通过实时数据监测、分析和共享，可以实现供应链的实时控制和调整，优化供应链的资源配置和运营决策，提高供应链的透明度和可视性，降低供应链的风险和不确定性。

数控加工技术的应用有助于推进供应链的可持续性和绿色发展。通过节能、高效的生产技术和环境友好的材料选择，可以减少生产过程中的能源消耗和环境污染，推动供应链向绿色、低碳和可持续方向发展，满足社会对环保、健康和可持续发展的期待。

数控加工技术的应用促进了生态系统的优化和循环发展。通过废料的再利用、能源的高效利用和生产过程的循环设计，可以实现生态资源的最大化利用和再生利用，减少对环境的影响和资源的浪费，推动生态系统向可持续、和谐和健康的方向发展。

数控加工技术的应用还有助于推进生态系统的数字化和智能化发展。通过物联网、大数据和人工智能技术的应用，可以实现生态资源的实时监测、分析和优化，提高生态系统的自我调节和适应能力，推动生态系统向数字化、智能化和自动化方向发展。

数控加工技术的应用不仅对供应链和生态系统的优化产生了影响，还为产业结构的整体优化和转型升级提供了有力支撑。通过提高生产效率、提升产品质量、推进供应链优化和促进生态系统发展，数控加工技术有助于提高产业竞争力、满足市场需求和推动产业向高端、智能和可持续方向发展。

1. 灵活、响应迅速的供应链管理

灵活、响应迅速的供应链管理是现代制造业的核心竞争力，而数控加工技术在供应链管理中发挥了至关重要的作用，对产业结构产生了深远的影响。数控加工技术提高了生产的灵活性。通过数控机床的自动化和高度集成的生产流程，制造企业能够快速调整生产任务和生产线布局，适应市场需求的快速变化，提高供应链的灵活性和响应速度。

数控加工技术优化了供应链中的生产环节。传统的制造过程通常需要多个环节的手工操作和调整，而数控加工技术通过自动化的加工控制和智能的生产管理，减少了人为干预和生产中的误差，提高了生产效率和一致性，从而优化了供应链的生产环节。

数控加工技术提升了供应链的生产效率。高速、高精度的数控机床能够实现对零件的快速、精确加工，缩短生产周期，提高生产效率，从而降低生产成本，优化供应链的运营效率和经济效益。

数控加工技术促进了供应链的信息化和数字化。通过采用先进的生产管理系统、物料追踪系统和实时数据分析工具，制造企业能够实时监控生产状态、物料流动和库存水平，优化供应链的资源配置，提高供应链的透明度和管理效率。

数控加工技术支持供应链的创新和协同。通过数字化设计、虚拟样机和远程协作技术，供应链的设计、制造、物流和服务等环节能够更加紧密地协同工作，实现供应链的整体优化和创新能力的提升。

数控加工技术对供应链管理的人才需求和培养提出了新的挑战。随着供应链管理的复杂性增加和技术要求提高，制造企业需要培养更多具有供应链管理、数控编程、操作和维护能力的高素质人才。制造企业需要加强与高等教育机构、研究机构和培训机构的合作，共同推动供应链管理和数控加工技术人才的培养和技能提升，为供应链管理的持续优化和创新提供人才支持。

2. 产业生态系统的整合与优化

产业生态系统的整合与优化是现代产业发展的关键方向，它强调了各个产业之间的协同作用和价值链的整体优化。在这一背景下，数控加工技术作为制造业的重要支柱，对产业结构产生了深远的影响，推动了产业生态系统的整合与优化。

数控加工技术的应用促进了产业链的深度整合。由于数控加工技术具有高效、精确和灵活的特点，它能够满足各种不同产业对高质量、定制化产品的需求。这促使各个环节的生产者更加紧密地合作，形成了从原材料供应、生产制造到产品销售的完整产业链，实现了产业链的垂直整合和水平协同。

数控加工技术的广泛应用推动了产业生态系统的创新和升级。在与其他高技术产业的融合过程中，数控加工技术为各个产业提供了关键的生产技术支持，如航空航天、汽车制造、电子信息等，都受益于数控加工技术的发展。这种技术的传递和共享促进了产业的技术创新和产品升级，推动了产业生态系统的持续发展。

数控加工技术的普及和应用也促进了产业生态系统的国际化和全球化。作为一种先进的生产技术，数控加工技术在全球范围内得到了广泛应用，不仅提高了我国制造业的国际竞争力，还加强了与其他国家和地区的产业合作。这种全球化的合作促进了技术、资本和市场的流动，进一步整合了全球产业生态系统。

数控加工技术的发展也带动了产业生态系统中的环境可持续性。通过优化生产流程和资源配置，数控加工技术降低了能源消耗、减少了废弃物排放，促进了绿色、低碳的生产方式。这种环保型的生产模式不仅符合社会的可持续发展要求，也提高了企业的社会责任和市场竞争力。

数控加工技术对产业结构的影响也带来了一些挑战。技术的快速更新和迭代要求企业具备强大的技术研发能力和持续的创新动力。企业需要不断提升自身的技术水平，加强与其他产业的合作，以适应市场和技术的快速变化。

参考文献

［1］ 于方波. 数控技术在现代机械加工中的应用［J］. 造纸装备及材料，2023，52（11）：115-117.

［2］ 王永范. 数控技术在现代机械加工中的应用［J］. 集成电路应用，2023，40（09）：365-367.

［3］ 王燕平，刘培民. 现代机械加工中数控加工技术的运用探讨［J］. 时代汽车，2023（15）：129-131.

［4］ 蔡倩倩. 现代机械加工中数控技术应用分析［J］. 造纸装备及材料，2023，52（04）：130-132.

［5］ 汪洋. 数控加工技术在机械加工制造中的应用研究［J］. 造纸装备及材料，2023，52（02）：114-116.

［6］ 宋慧. 现代机械加工中数控技术的应用研究［J］. 造纸装备及材料，2022，51（07）：114-116.

［7］ 张春娜. 数控技术在现代机械加工中的应用［J］. 现代制造技术与装备，2022，58（05）：118-121.

［8］ 杨慧峰. 数控技术在现代机械加工中的应用研究［J］. 造纸装备及材料，2022，51（03）：145-147.

［9］ 翟楂锦，张明洋，王雪，等. 现代机械加工中数控加工技术的应用［J］. 企业科技与发展，2022（03）：80-82.

［10］ 马健. 数控技术在现代机械加工中的应用探究［J］. 内燃机与配件，2022（06）：127-129.

［11］ 高奎强. 现代机械加工中数控技术的应用及价值探析［J］. 内燃机与配件，2022（04）：131-133.

［12］ 庞贤学. 现代机械加工中数控技术的运用探究［J］. 科技创新与应用，2022，

12（01）：187-189.

［13］张军．现代机械加工中数控加工技术的使用分析［J］．内燃机与配件，2021（14）：89-90.

［14］周波．现代机械加工中的数控技术分析［J］．冶金管理，2021（13）：34-35.

［15］张辉．现代机械加工中数控技术的运用研究［J］．内燃机与配件，2021（13）：93-94.

［16］贾忠秋，李曙升，石鑫，等．现代机械加工中数控技术的应用探究［J］．内燃机与配件，2021（12）：168-169.

［17］刘闯，冯胜喜．现代机械加工中数控加工技术的使用分析［J］．内燃机与配件，2021（02）：63-64.

［18］韩樑．现代机械加工中数控技术的应用探究［J］．内燃机与配件，2021（04）：68-69.

［19］陈丽娟．现代机械加工中数控技术的应用［J］．内燃机与配件，2021（12）：89-90.

［20］周欣．现代机械加工中数控加工技术的使用分析［J］．内燃机与配件，2021（12）：176-177.